İsmet Sezer

Buji Ateşlemeli Motor Çevrimine Ekserji Analizinin Uygulanması

İsmet Sezer

Buji Ateşlemeli Motor Çevrimine Ekserji Analizinin Uygulanması

Türkiye Alim Kitapları

Impressum / Yayınevi adı
Bibliografische Information der Deutschen Nationalbibliothek: Die Deutsche Nationalbibliothek verzeichnet diese Publikation in der Deutschen Nationalbibliografie; detaillierte bibliografische Daten sind im Internet über http://dnb.d-nb.de abrufbar.

Deutsche Nationalbibliothek tarafından yayınlanan bibliyografik bilgiler: Deutsche Nationalbibliothek, bu yayını Deutsche Nationalbibliografie'de listeler; detaylı bibliyografik bilgi İnternet'te http://dnb.d-nb.de sitesinde mevcuttur.

Coverbild / Kitap kapağı resmi: www.ingimage.com

Verlag / Yayıncı:
Türkiye Alim Kitapları
ist ein Imprint der / yayınevinin bir ticari markasıdır
OmniScriptum GmbH & Co. KG
Heinrich-Böcking-Str. 6-8, 66121 Saarbrücken, Deutschland / Almanya
Email / E-posta: info@turkiye-alim-kitaplary.com

Herstellung: siehe letzte Seite /
Basım yeri: son sayfaya bakın
ISBN: 978-3-639-67277-0

Zugl. / Approved by: Trabzon, Karadeniz Teknik Üniversitesi, 2008

ÖNSÖZ

Yaşadığımız modern çağda teknolojik gelişmelere paralel olarak enerji gereksinimi sürekli artmaktadır. Dünya genelinde enerji ihtiyacının büyük kısmı hâlihazırda kömür, petrol ve doğal gaz gibi fosil kaynaklara dayalı enerji kaynaklarından karşılanmaktadır. Diğer taraftan, fosil kökenli enerji kaynaklarının yakın bir gelecekte tükenebileceği bilim çevreleri tarafından belirtilmektedir. Bu nedenle yeni enerji kaynaklarının araştırılması kadar, var olan kaynakların ekonomik ve verimli kullanımı da büyük önem taşımaktadır. Enerji üretiminde ve dönüşümünde düşük verimle çalışan sistemlerin ve yetersiz teknolojilerin kullanımı maliyetleri artırmakla beraber çevreyi de olumsuz yönde etkilemektedir. Bu nedenle enerjinin doğru ve verimli kullanımı toplum, ekonomi ve çevre açısından büyük önem taşımaktadır. Bu bilincin bir sonucu olarak; binalarda, endüstride, motorlu taşıtlarda ve diğer enerji sistemlerinde verimliliği arttırmaya ve çevreyi korumaya yönelik çalışmalar sürekli artmaktadır. Bu çalışmalarda, ekserji analizinin kullanımı özellikle son yıllarda yaygınlaşmıştır. Ekserji analizi, enerji sistemlerinin tasarımı, incelenmesi, verimli bir şekilde işletilmesi ve performansının iyileştirilmesi için oldukça uygun ve güçlü bir yöntemdir. Günlük hayatımızda yaygın olarak kullanılan motorlu taşıtlar mevcut enerji tüketimi içinde önemli bir paya (yaklaşık 1/3) sahiptirler. Ayrıca, her geçen gün taşıt sayısının sürekli artmasına paralel olarak enerji tüketimi de katlanarak artmaktadır. Bu nedenle içten yanmalı motorlar alanında motor performansını artırmaya ve yakıt tüketimini azaltmaya yönelik çalışmalar enerji verimliliği, ekonomi ve çevre açısından çok önemlidir. Bu tez çalışmasında, buji ateşlemeli motor çevrimine ekserji analizinin uygulanması teorik olarak incelenmiştir.

Tez çalışmam süresince bana bilgi ve tecrübeleriyle yol gösteren, yardım ve desteğini esirgemeyen danışman hocam Doç. Dr. Atilla BİLGİN'e sonsuz saygı ve teşekkürlerimi sunarım. Çalışmalarım sırasında, tez izleme jürisi olarak özverili katkılar sağlayan Yrd. Doç. Dr. Hakan BAYRAKTAR'a ve Prof. Dr. Orhan DURGUN'a ve özverili katkılarından dolayı Öğr. Gör. İsmail ALTIN'a teşekkürü borç bilirim. Ayrıca hayatım boyunca bana destek olan ve bu noktaya ulaşmamda maddi ve manevi katkılarını esirgemeyen ailemin tüm bireylerine saygı, sevgi ve teşekkürlerimi sunarım.

İsmet SEZER

Trabzon 2008

İÇİNDEKİLER

Sayfa No

ÖZET

Bu çalışmada, iki farklı termodinamik çevrim modeli kullanılarak buji ateşlemeli motor çevrimine ekserji analizinin uygulanması teorik olarak incelenmektedir. Bu amaçla, sıkıştırma, yanma ve genişleme süreçlerini kapsayan ve Ferguson tarafından sunulmuş olan termodinamik çevrim modeli, önce üzerinde uyarlamalar yapılarak daha sonra sanki boyutlu model şekline dönüştürülerek kullanılmıştır. Çevrim modelinde emme ve egzoz işlemleri basit bir yöntemle hesaplanmıştır. Ferguson modelinde yanma işlemi kosinüs yanma bağıntısı olarak bilinen ampirik bir bağıntıyla modellenmiş, sanki boyutlu modelde ise yanma işleminin modellenmesi için daha gerçekçi yaklaşımlar içeren türbülanslı alev yayılması yaklaşımı kullanılmıştır. Ekserji analizini gerçekleştirmek için her iki çevrim modeline termodinamiğin ikinci kanunu ile ilgili yaklaşımlar uygulanmıştır. Ekserji analizinde, ısıyla transfer edilen ekserji, işle transfer edilen ekserji, tersinmezlikler, termomekanik ekserji, yakıtın kimyasal ekserjisi ve toplam ekserji gibi ekserji bileşenleri hesaplanmıştır. Çalışmada, buji konumu, sıkıştırma oranı gibi tasarım özelliklerin, yakıt-hava ekivalans oranı, ateşleme avansı, devir sayısı, artık gazlar oranı gibi işletme özelliklerinin yanı sıra benzin, doğalgaz, sıvılaştırılmış petrol gazı (LPG), metanol ve etanol gibi farklı yakıtların ekserji bileşenleri ve tersinmezlikler üzerindeki etkileri incelenmiştir. Ayrıca yakıt ekserjisinin, ekserji bileşenleri arasında dağılımı hesaplanmış ve incelenen parametrelerin optimum değerlerini belirlemek amacıyla birinci ve ikinci kanun verimleri hesaplanmıştır. Çalışmadan elde edilen sonuçlar incelenen tasarım ve işletme parametrelerinin ve alternatif yakıtların kullanılmasının ekserji terimlerinin değişimini önemli ölçüde etkilediğini göstermektedir.

Anahtar Kelimeler: Buji ateşlemeli motor performansı, Termodinamik çevrim modeli, Kullanılabilirlik, Tersinmezlikler, İkinci kanun analizi, Ekserji analizi, İkinci kanun verimi

SUMMARY

Application of Exergy Analysis to Spark Ignition Engine Cycle

In this study, application of exergy analysis to spark ignition engine cycle has been investigated theoretically by using two different thermodynamic cycle model. For this purpose, a thermodynamic cycle model which consist of compression, combustion and expansion processes was developed for spark ignition engines. In the cycle model, induction and exhaust processes were computed with a simple method. Two different cycle models were used in the study. Combustion process is simulated with an empirical correlation as known cosine burn rate formula in first of the cycle models. In the second cycle model, turbulent flame propagation having more realistic hypotheses was used for modeling of combustion period. The second laws of thermodynamics were applied to both of the cycle models to perform exergy analysis. Exergy transfer with heat, exergy transfer with work, irreversibility, thermomechanical exergy, fuel chemical exergy and total exergy were computed in the exergy analysis. In the study, effects of structural parameters such as spark plug position and compression ratio, operational parameters such as equivalence ratio, spark timing, engine speed and residual gas fraction and also, some alternative fuels such as natural gas, Liquefied Petroleum Gas (LPG), methanol and ethanol have been studied. Moreover, the distribution of fuel exergy among the exergy terms was calculated and the first and second law efficiencies were computed to determine optimum values of examined parameters. The obtained results of study showed that design and operational parameters studied and using of alternative fuels affected significantly variation of exergetic terms.

Key Words: SI engine performance, Thermodynamic cycle model, Availability, Irreversibility, The second law analysis, Exergy analysis, The second law efficiency

ŞEKİLLER DİZİNİ

Sayfa No

TABLOLAR DİZİNİ

Sayfa No

SEMBOLLER DİZİNİ

a : Özgül kullanılabilirlik veya özgül ekserji [J/kg karışım]

$a_{y,kim}$: Yakıtın kimyasal özgül ekserjisi [J/kg karışım]

a_Q : Isıyla transfer edilen özgül ekserji [J/kg karışım]

a_{top} : Toplam özgül ekserji [J/kg karışım]

a_{tm} : Termomekanik özgül ekserji [J/kg karışım]

a_W : İşle transfer edilen özgül ekserji [J/kg karışım]

A : Kullanılabilirlik veya ekserji [J]

A_f : Alev cephesi serbest yüzey alanı [m^2]

A_{iv} : Emme supabı açıklık alanı [m^2]

A_{kim} : Kimyasal ekserji [J]

AÖN : Alt ölü nokta

A_p : Piston yüzey alanı [m^2]

A_{tm} : Termomekanik ekserji [J]

A_{top} : Toplam ekserji [J]

b_e : Özgül yakıt tüketimi [kg/kWh]

c_p : Sabit basınçta özgül ısı [J/kgK]

D : Silindir çapı [m]

e : Özgül enerji [J/kg karışım]

e_Q : Isıyla transfer edilen özgül enerji [J/kg karışım]

e_{top} : Toplam özgül enerji [J/kg karışım]

e_W : İşle transfer edilen özgül enerji [J/kg karışım]

E : Enerji [J]

EK : Kinetik enerji [J]

EP : Potansiyel enerji [J]

f : Artık gazlar katsayısı

h : Özgül entalpi [J/kg karışım]

h_g : Isı taşınım katsayısı [W/m^2K]

h_{min} : Kütlesel stokiyometrik hava miktarı [kghava/kgyakıt]

H : Entalpi [J]

H_{min} : Molar (hacimsel) stokiyometrik hava miktarı [kmolhava/kmolyakıt]

i : Özgül tersinmezlikler [J/kg karışım]

I : Tersinmezlikler [J]

K_{WG} : Kimyasal denge sabiti

l_T : Karakteristik girdap yarıçapı [m]

L_{iv} : Emme supabı kalkma miktarı [m]

L_b : Biyel boyu [m]

m : Kütle [kg]

m_e : Alev cephesi içene çekilen kütle [kg]

M_d : Döndürme momenti [Nm]

n : Devir sayısı [d/dk]

N_e : Efektif güç [kW]

Nu : Nusselt sayısı

O_{min} : Stokiometrik oksijen miktarı [kmolO_2/kmolyakıt]

p : Basınç [bar]

p_0 : Ortam basıncı veya ölü durum basıncı [bar]

p_a : Emme sonu basıncı [bar]

p_r : Egzoz gazlarının basıncı [bar]

p_{me} : Ortalama efektif basınç [bar]

p_{mi} : Ortalama indike basınç [bar]

$p_{m,m}$: Mekanik kayıplar ortalama basıncı [bar]

Pr : Prandtl sayısı

Q : Isı [J]

Q_{LVH} : Yakıtın alt ısıl değeri [kJ/kg]

r_f : Alev yarıçapı [m]

R : Evrensel gaz sabiti [J/molK]

R : Silindir yarıçapı [m]

R_c : Krank yarıçapı [m]

Re : Reynolds sayısı

R_s : Bujinin silindir merkezinden uzaklığı [m]

s : Özgül entropi [J/molK]

S : Entropi [J]

S_L : Laminer alev hızı [m/s]

$S_{L,0}$: Standart koşullardaki laminer alev hızı [m/s]

T : Sıcaklık [K]

T_a : Emme sonu sıcaklığı [K]

T_r : Egzoz gazlarının sıcaklığı [K]

T_w : Silindirin duvar sıcaklığı [K]

T_0 : Çevre sıcaklığı veya ölü durum sıcaklığı [K]

U : Toplam iç enerji [J]

U_e : Türbülanslı çekilme hızı [m/s]

$\bar{U}_i$: Silindire emilen gazların ortalama hızı [m/s]

U_T : Karakteristik türbülanslı hız [m/s]

ÜÖN : Üst ölü nokta

v : Özgül hacim [m^3/kg]

V : Hacim [m^3]

V_c : Yanma odası hacmi veya ölü hacim [m^3]

V_f : Alev cephesi hacmi [m^3]

V_h : Strok hacmi [m^3]

V_{pm} : Ortalama piston hızı [m/s]

V_t : Toplam silindir hacmi [m^3]

W : İş [J]

W_i : İndike iş [J]

y_s : Molar yakıt-hava oranı

x_s : Kütlesel yakıt-hava oranı

X_s : Bujinin silindir merkezinden boyutsuz uzaklığı ($X_s=R_s/R$)

$\Delta\theta_b$: Krank mili açısı cinsinden yanma süresi [°KMA]

z : Silindir sayısı

ε : Sıkıştırma oranı

θ : Krank açısı [°KMA]

ω : Krank milinin açısal hızı [1/s]

μ : Kimyasal potansiyel [J/kg]

ρ : Yoğunluk [kg/m^3]

τ_b : Karakteristik yanma süresi [s]

ϕ : Ekivalans oranı

φ_{ed} : Ek doldurma katsayısı

η_{I} : I. Kanun verimi [%]

η_{II} : II. Kanun verimi [%]

η_{e} : Efektif verim [%]

η_{v} : Hacimsel (volümetrik) verim [%]

ω : Açısal hız [1/s]

İndisler:

b : yanmış

B : Birleşik

ç : çevre

egz : egzoz

f : alev

g : gaz

h : hava

kim : kimyasal

min : minimum

max : maksimum

s : ateşlemenin yapıldığı krank açısı

top : toplam

u : yanmamış

y : yakıt

1. GENEL BİLGİLER

1.1. Giriş

Benzin motorlarının temeli Alman Mühendis Nikolaus August Otto'nun 1876 yılında gerçekleştirdiği buluşuna dayanmaktadır. Otto, daha önceki buluşlardan faydalanarak, dört zaman esasına göre çalışan ilk motoru hava gazı kullanarak çalıştırmayı başarmıştır. Daha sonra yapılan çalışmalarda karbüratörün geliştirilmesiyle bu motorlarda yakıt olarak benzin kullanılmaya başlanmıştır. İlerleyen zaman içinde benzin motorlarında farklı alternatif yakıtların kullanılması bu motorların buji ateşlemeli motorlar olarak da adlandırılmasına neden olmuştur. Diğer taraftan 1892 yılında Rudolf Diesel yeni bir prensip ortaya koyarak benzine göre daha ucuz olan kömür tozu veya ağır yağlarla çalışan ve günümüzde kullanılan dizel motorlarının temelini oluşturan ilk motoru çalıştırmayı başarmıştır [1–4]. Yapılan bu buluşlarla içten yanmalı motorlar tarihteki yerini almıştır. İçten yanmalı motorların icadından itibaren yapılan çalışmalar günümüzdeki modern motorların geliştirilmesini sağlamıştır.

İlk zamanlarda yapılan çalışmalarda genellikle motor gücünün artırılması hedeflenmiştir. Ancak ilerleyen zaman içinde petrol kaynaklarının sınırlı olduğunun fark edilmesi ve 1970'li yıllarda meydana gelen petrol krizi sonucunda petrol fiyatlarının artışı, yakıt ekonomisini iyileştirmek için motor veriminin artırılmasını da öncelikli amaç haline getirmiştir [5–10]. Diğer taraftan motorlu taşıt kullanımının her geçen gün hızlı bir şekilde yaygınlaşması özellikle trafiğin yoğun olduğu şehirlerde çevre kirliliği ile ilgili sorunların ortaya çıkmasına neden olmuştur. Bu nedenle son yıllarda motorlu taşıtlardan yayılan emisyonlarla ilgili olarak tüm dünyada sınırlayıcı yasalar çıkarılmış ve motorların yüksek performans ve yakıt ekonomisi yanında minimum seviyede kirletici egzoz emisyonu üretecek şekilde geliştirmesi zorunlu hale gelmiştir [11–15].

İçten yanmalı motorlar üzerine yapılan araştırmalar deneysel ve teorik esaslı çalışmalardan oluşmaktadır. Ancak motor deney düzenekleri pahalı donanımlardır ve bir motorun karakteristiklerinin belirlenmesi için oldukça fazla sayıda deney yapılması gerekmektedir. Bu hem zaman alıcı hem de oldukça pahalı bir işlemdir [14, 16–18]. Özellikle motorları geliştirme çalışmalarında yeni düzenlemelerin ve değişikliklerin etkilerini prototip üretmeden ve deney yapmadan hızlı bir biçimde inceleyebilmek gerekir. Bu nedenle son yıllarda bilgisayar teknolojisindeki ve sayısal çözümleme tekniklerindeki gelişmeler her alanda olduğu gibi içten yanmalı motorlar alanında da modelleme çalışmalarına yoğunluk ve hız kazandırmıştır. Günümüzde çevrim modelleri kullanılarak motor üretilmeden önce farklı çalışma koşullarındaki motor karakteristikleri kolayca belirlenebilmektedir. Diğer taraftan çevrim modelleri, deneysel olarak ölçümü çok zor olan parametrelerin de kolayca hesaplanabilmesini sağlarlar [6, 8, 18–21]. Modelleme alanındaki gelişmeler sonucunda, deneysel çalışmalar modelleme çalışmalarını destekleyici ve tamamlayıcı bir nitelik kazanmıştır. Bu durumda yapılması gereken deney sayısı önemli ölçüde azalacağı için modelleme çalışmaları hem zaman hem de ekonomik açıdan önemli kazançlar sağlamaktadır.

İçten yanmalı motor çevrimlerinin modellenmesi üzerine literatürde oldukça fazla sayıda çalışma bulunmaktadır. Bu çalışmaların büyük bir çoğunluğunda termodinamik esaslı çevrim modelleri yaygın olarak kullanılmış ve bu modellerde genellikle termodinamiğin birinci kanununa dayalı yaklaşımlar uygulanmıştır [22–32]. Termodinamiğin birinci kanununa dayalı yaklaşımlar motor performansının belirlenmesinde oldukça kullanışlıdır. Ancak bir motorun çalışması sırasında gerçekleşen akış, ısı transferi, yanma ve sürtünme gibi olaylardan kaynaklanan çeşitli kayıpların ayrıntılı olarak belirlenmesinde termodinamiğin birinci kanunu tek başına yetersiz kalmaktadır. Bu eksikliği gidermek için termodinamiğin birinci kanununa dayalı yaklaşımların termodinamiğin ikinci kanunu ile desteklenmesi gerekmektedir. Termodinamiğin ikinci kanununa dayalı yaklaşımların mühendislik sistemlerine uygulanmasına yönelik çalışmalar literatürde ikinci kanun (kullanılabilirlik veya ekserji) analizi olarak isimlendirilmektedir [33–37]. Ekserji analizi, bir sistemin derinlemesine incelenmesini, kayıpların ayrıntılı olarak belirlenmesini ve gerçeğe daha yakın sonuçların elde edilmesini sağlamaktadır. Böylece daha yüksek verimle çalışacak sistemlerin tasarlanması veya kurulu bir sistemin iyileştirilmesi mümkün olabilmektedir.

Sunulan tez çalışmasında buji ateşlemeli motorlarda çeşitli yapısal özelliklerin (buji konumu, sıkıştırma oranı) ve işletme özelliklerinin (ekivalans oranı, ateşleme avansı, devir sayısı, artık egzoz gazları oranı) yanı sıra farklı yakıtların (benzin, doğalgaz, sıvılaştırılmış petrol gazı (LPG), metanol ve etanol) kullanılmasının etkileri ekserji analizinden yararlanılarak sayısal olarak incelenmiştir. Bu amaçla, buji ateşlemeli motorlar için Ferguson [38] tarafından geliştirilen termodinamik çevrim modeli, önce üzerinde bazı uyarlamalar yapılarak ve daha sonra türbülanslı alev yayılması yaklaşımı uygulanarak sanki boyutlu çevrim modeline dönüştürülerek kullanılmıştır. Ekserji analizini gerçekleştirmek için her iki modele termodinamiğin ikinci kanunu ile ilgili yaklaşımlar uygulanmıştır. Ekserji analizinde, ısıyla transfer edilen ekserji, işle transfer edilen ekserji, tersinmezlikler, termomekanik ekserji, yakıtın kimyasal ekserjisi ve toplam ekserji gibi ekserji bileşenleri hesaplanmıştır. Ayrıca enerji bileşenlerinin ve ekserji bileşenlerinin dağılımları belirlenmiş ve incelenen parametreler için birinci ve ikinci kanun verimleri hesaplanmıştır.

1.2. İçten Yanmalı Motorlarla İlgili Temel Kavramlar

İçten yanmalı motorlar yakıtın kimyasal enerjisini mekanik enerjiye dönüştüren ısı makinelerdir. Yakıtın yanmasıyla açığa çıkan ısıl enerji motorun hareketli elemanları yardımıyla mekanik enerjiye dönüştürülür [11, 39]. Piston, biyel ve krank mili bir motorun temel hareketli elemanlarıdır. Şekil 1'de bir motorun ana boyutları ve elemanları şematik olarak gösterilmiştir. Şekilde D silindir çapını, S strok uzunluğunu, L_b biyel boyunu ve R_c krank yarıçapını göstermektedir. Bu büyüklükler bir motorun ana boyutları olarak isimlendirilmektedir. Ayrıca şekilde θ krank mili açısını ve ω krank milinin açısal hızını göstermektedir.

Bilindiği gibi içten yanmalı motorlar belirli bir çevrime göre çalışan makinalardır. Motordan iş elde etmek için tekrarlanmadan gerçekleşen olayların toplamına çevrim adı verilmektedir. Buji ateşlemeli motorlar, Otto çevrimine göre çalışırlar ve bu çevrime göre krank milinin iki devrinde bir kez iş elde edilir. Bu esnada piston üst ölü nokta (ÜÖN) ile alt ölü nokta (AÖN) arasında dört kez gidip-gelme hareketi yapar [3, 40]. Böylece Şekil 2'de de görüldüğü gibi emme, sıkıştırma, genişleme ve egzoz işlemleri oluşmaktadır.

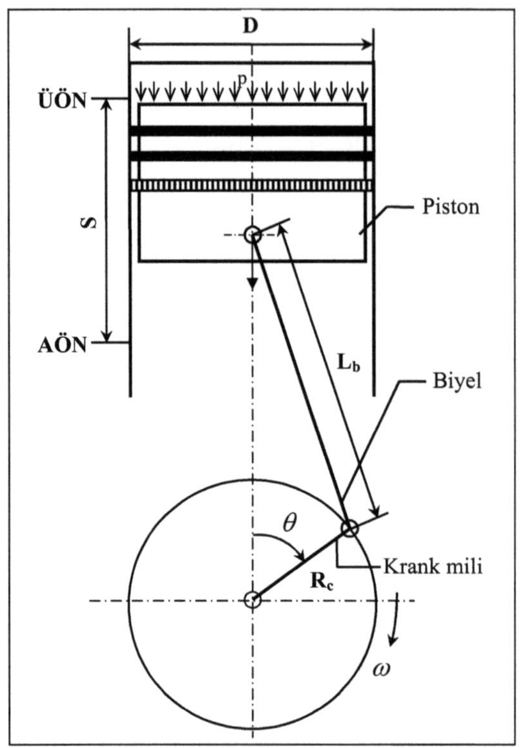

Şekil 1. Motorun ana boyutlarının ve elemanlarının şematik gösterimi

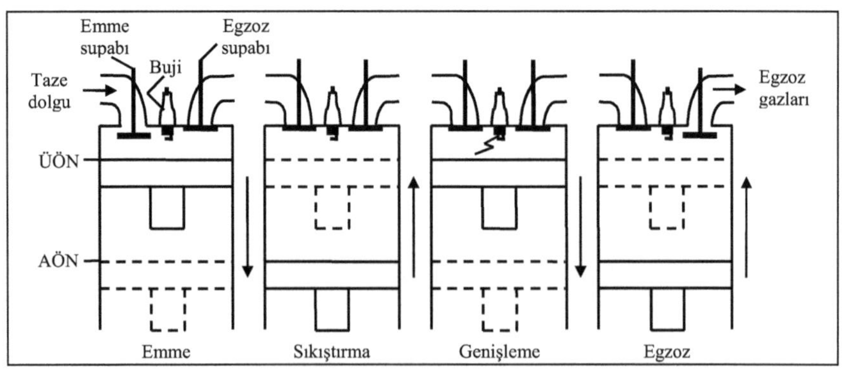

Şekil 2. Otto çevrimini oluşturan 4 zamanın gösterimi [3]

İçten yanmalı motorlarda, motorun çalışması sırasında silindir içerisinde gaz basıncı sürekli olarak değişmektedir. Gaz basıncının silindir hacmine veya krank açısına göre değişimini göstermek için indikatör diyagramları kullanılır. Şekil 3'te buji ateşlemeli motorlar için silindir basıncının silindir hacmine göre değişimini gösteren p-V diyagramı verilmiştir. Şekilde 1-2 emme işlemini, 2-3 sıkıştırma işlemini, 3-4 yanma işlemini 4-5 genişleme işlemini ve 5-6 egzoz işlemini göstermektedir. Ayrıca şekilde, 1 emme supabı açılmasını, 2 emme supabı kapanmasını, 3 bujiden ateşlemenin yapılmasını, 5 egzoz supabı açılmasını ve 6 egzoz supabı kapanmasını göstermektedir. Şekilde W^+ silindir içindeki gazların yaptığı yararlı işi, W^- emme ve egzoz işlemleri için harcanan pompalama işini göstermektedir.

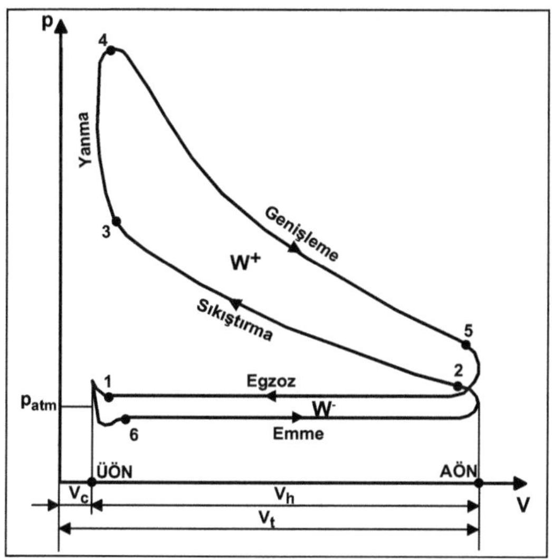

Şekil 3. Buji ateşlemeli motorlar için p-V diyagramı

1.3. İçten Yanmalı Motor Çevrimlerinin Modellenmesi

Bir motorun çalışması sırasında gerçekleşen olayların matematiksel olarak modellenmesine çevrim modeli adı verilmektedir [41]. Çevrim modelleri farklı çalışma koşullarında motor performansının belirlenmesini ve çeşitli parametrelerin motor performansı üzerindeki etkilerinin sayısal olarak incelenmesini sağlarlar. Böylece herhangi bir çalışma koşulunda motorun güç, verim, yakıt tüketimi gibi karakteristik büyüklükleri deney yapılmadan deneysel sonuçlara yakın doğrulukta belirlenebilir. Ayrıca çevrim modelleri, çeşitli alt modellerin de kullanılmasıyla egzoz emisyonlarının ve motorun çalışması sırasında gerçekleşen akış, yanma, ısı transferi, vuruntu vb. birçok olayın incelenmesi için de oldukça uygun ve kullanışlı araçlardır. Diğer taraftan çevrim modelleri kütlesel yanma oranı gibi doğrudan ölçülemeyen büyüklüklerin hesaplanmasını ve motorun çalışması sırasında gerçekleşen olayların teorik açıdan ayrıntılı olarak incelenmesini sağlarlar [19, 42]. Modellemede uygulanan yaklaşımlara bağlı olarak çevrim modelleri boyutlu modeller ve boyutsuz modeller olarak sınıflandırılmaktadır [12, 13, 43, 44].

1.3.1. Boyutlu Çevrim Modelleri

İçten yanmalı motorlarda emme ve egzoz kanallarındaki ve silindir içerisindeki akışlar genellikle süreksiz ve üç boyutludur. Motorlarda akış alanlarının ve akış alanlarındaki fiziksel ve kimyasal olayların ayrıntılı olarak incelenebilmesi için korunum denklemlerinin sayısal olarak çözülmesi gerekmektedir. Motor çevrimlerinde herhangi bir anda ve noktada meydana gelen akış hareketlerini ve kimyasal olayları ayrıntılı bir biçimde tanımlayabilmek için boyutlu çevrim modelleri geliştirilmiştir [19, 45–50]. Boyutlu modeller akışkanlar dinamiği esaslı modeller olup kütle, momentum, enerji ve kimyasal maddelerin bir, iki veya üç boyutlu uzay ve zaman bağımlı korunum denklemleri bu modellerin temel denklemlerini oluşturmaktadır. Bu nedenle boyutlu modellerde çözülmesi gereken denklem sistemi kısmi diferansiyel denklemlerden oluşmaktadır [8, 16, 48–50].

Boyutlu modellerde çözüm aşamasında yanma odası geometrisini ve hesap yapılan diğer alanları tanımlamak için detaylı bir ağ oluşturulması zorunludur. Ayrıca akış, ısı transferi, yanma ve kimyasal reaksiyonlarla ilgili büyüklüklerin hesaplanabilmesi için alt modellerin kullanılması gerekmektedir [8, 51–53]. Ancak motorlarda çözüm yapılan alanlar düzgün bir geometriye sahip olmadığı için ağ oluşturma işlemi zorlaşmaktadır. Bu nedenle çözüm kolaylığı sağlamak için motor geometrisinin basitleştirilmesi ve gerçek akış özelliklerini tam yansıtmayan varsayımların yapılması söz konusudur. Ayrıca yanma olayı sırasında gerçekleşen karmaşık kimyasal reaksiyonların modellenmesinde de basitleştirmeler yapılması gerekir. Ancak elde edilen denklem takımlarının çözümü için basitleştirmeler yapılmasına karşın yine de zorluklarla karşılaşılmaktadır. Özellikle iki ve üç boyutlu modellerde türbülanslı akış alanın hesaplanabilmesi için yüksek bilgisayar kapasitesi ve oldukça uzun işlem zamanı gerekmektedir [17, 54–56]. Diğer taraftan yapılan basitleştirici varsayımlar nedeniyle motor karakteristiklerine uygun olmayan sonuçlar ortaya çıkabilmektedir. Bu nedenle boyutlu modeller motor performans parametrelerinin hesaplanmasında pek tercih edilmezler. Boyutlu modeller genellikle yanmasız durumdaki akış alanların hesaplanmasında ve yanma odası geometrisinin belirlenmesinde kullanılırlar [8, 57–60]. STAR-CD, FLUENT ve KIVA yazılımları, boyutlu modellerin çözümünde yaygın olarak kullanılan yazılımlardır [61–64].

1.3.2. Boyutsuz (Termodinamik) Çevrim Modelleri

Boyutsuz çevrim modelleri ise termodinamik esaslı modellerdir. Bu modellerde motor silindirini ve/veya manifoldlarını kapsayan açık sisteme motor çevriminin emme, sıkıştırma, genişleme ve egzoz süreçleri için aşağıda verilen termodinamiğin birinci kanununu uygulanmaktadır [1, 38, 48].

$$\Delta U = Q - W + \sum m_i h_i \tag{1.1}$$

Termodinamik modellerde; emme, sıkıştırma, genişleme ve egzoz süreçleri boyunca iş akışkanının termodinamik ve kimyasal özellikleri hesaplanır. İş akışkanının, çeşitli gazların karışımından oluştuğu ve bu gazların aşağıda verilen ideal gaz kanununa uygun davranış gösterdiği kabul edilir [1, 48, 65].

$$pV = mRT \tag{1.2}$$

Termodinamik modeller, uzaysal koordinatlardan bağımsız olmaları ve tek bağımsız değişkenin zaman olması nedeniyle "sıfır boyutlu" modeller olarak da isimlendirilirler. Bağımsız değişken sadece zaman olduğu için türetilen denklem sistemi adi diferansiyel denklemlerden oluşmaktadır. Bu diferansiyel denklem sistemi sayısal integrasyon teknikleri veya iteratif çözüm yöntemleri kullanılarak kolayca çözülebilmektedir. Boyutsuz modeller yüksek bilgisayar kapasitesi ve uzun işlem zamanı gerektirmezler. Bu nedenle parametrik çalışmalar için oldukça uygundurlar [8, 19, 18, 48, 65].

1.3.2.1. Termodinamik Çevrim Modellerinin Sınıflandırılması

Çevrim modellerinde en önemli aşama yanma işleminin modellenmesidir. Termodinamik modeller yanma işleminin modellenmesinde uygulanan yaklaşıma bağlı olarak tek bölgeli ve çok bölgeli modeller şeklinde sınıflandırılır.

1.3.2.1.1. Tek Bölgeli Termodinamik Çevrim Modelleri

Tek bölgeli modellerde karışımın yapısının homojen, basıncının ve sıcaklığının yanma odası içerisinde uniform olduğu kabul edilir [1, 38, 48, 65]. Bu modellerde yanma odası geometrisi ve alev yayılmasının etkileri dikkate alınmaz. Şekil 4'te tek bölgeli model için şematik bir gösterim verilmiştir.

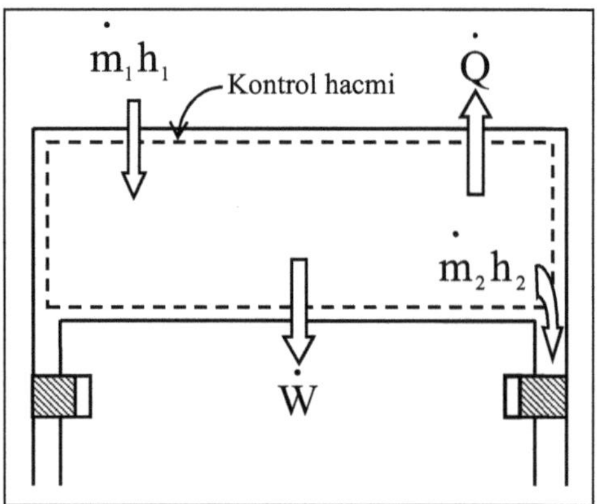

Şekil 4. Tek bölgeli termodinamik modelin şematik gösterimi [1, 48]

Tek bölgeli termodinamik modeli temsil eden Şekil 4'teki gibi bir açık sistem için termodinamiğin birinci kanunu

$$\delta Q = dU + \delta W + \sum dm_i h_i \tag{1.3}$$

şeklinde yazılabilir. Şekil 4 ve (1.3) eşitliğinde; $\dot{m}_1 h_1$ sisteme enerji girişi, $\dot{m}_2 h_2$ sistemden enerji çıkışı, h entalpi, $\dot{Q}$ sistemden transfer edilen ısının zamana göre değişimi, δQ sistemin ısı transferi değişimi, $\dot{W}$ sistemden transfer edilen işin zamana göre değişimi, δW sistemin iş transferi değişimi, dU sistemin iç enerji değişimi, $\sum dm_i h_i$ akışla transfer edilen enerjidir.

Tek bölgeli modeller; ısı açığa çıkışı analizi, ısı transferi ve silindirdeki kütle akışlarının hesaplanmasında sıkça kullanılırlar. Isı açığa çıkışı analizi, ölçülmüş basınç değerlerini kullanarak yanma işleminin termodinamiğin birinci kanunu ile incelenmesidir [15, 18, 19, 48, 65–67]. Böylece ölçülmüş basınç değerlerinden yararlanılarak ısı açığa çıkış oranı veya yanmış kütle miktarı hesaplanabilir [68, 69]. Ölçülmüş silindir basıncı değerlerinden yararlanarak yanma işleminin modellenmesi ilk olarak 1938 yılında Rassweiler ve Withrow tarafından gerçekleştirilmiştir. Rassweiler ve Withrow, silindirde yanan kütle miktarının silindir basıncına bağlı olarak değiştiğini ortaya koymuşlardır [11, 70]. Bu esasa dayalı olarak yanmış kütle oranının veya başka bir ifadeyle kütlesel yanma oranının belirlenmesi için aşağıda sırasıyla verilmiş olan "Wiebe fonksiyonu" ve "kosinüs yanma fonksiyonu" ampirik bağıntılar geliştirilmiş ve yaygın olarak kullanılmıştır [38, 65, 66, 71–73].

$$x_b = \frac{m_b}{m_{top}} = 1 - \exp\left\{-a\left[\left(\frac{\theta - \theta_s}{\Delta\theta_b}\right)\right]^{m+1}\right\} \tag{1.4}$$

$$x_b = \frac{m_b}{m_{top}} = \frac{1}{2}\left\{1 - \cos\left[\pi\left(\frac{\theta - \theta_s}{\Delta\theta_b}\right)\right]\right\} \tag{1.5}$$

Yukarıda verilen (1.4) ve (1.5) denklemlerinde; θ krank açısı, θ_s ateşlemenin yapıldığı krank açısı, $\Delta\theta_b$ krank açısı cinsinden yanma süresi, a verim faktörü (genellikle a=5 civarında değerler almaktadır), m şekil faktörü (genellikle m=2 civarında değerler almaktadır) dür [48].

Tek bölgeli yanma modelleri hesap kolaylığı sağlamakla beraber yanma olayının fiziği (türbülans özellikleri ve alev yayılmasının etkileri gibi) ve motor geometrisi açısından gerçekçi modeller değillerdir. Bu nedenle tek bölgeli modellerde oldukça az sayıda parametrenin motor performansına etkisi incelenebilmektedir. Daha ayrıntılı bir inceleme yapabilmek için yanma işleminin modellenmesinde daha gerçekçi yaklaşımların uygulandığı ve motor geometrisi etkilerinin de göz önüne alınabildiği çok bölgeli modeller geliştirilmiştir.

1.3.2.1.2. Çok Bölgeli Termodinamik Çevrim Modelleri

Buji ateşlemeli motorlarda yanma işlemi, ateşleme sisteminin bujinin tırnakları arasında bir elektrik kıvılcımı oluşturmasıyla başlar ve ateşlemeden hemen sonra buji tırnakları etrafında bir alev çekirdeği oluşur. Bu alev çekirdeğinin büyümesiyle oluşan ve genellikle küresel olduğu varsayılan alev cephesinin yanmamış gaz karışımı içerisinde ilerlemesiyle yanma işlemi devam eder. Alev cephesinin silindirin en uzak noktasına ulaşıp sönmesiyle yanma işlemi sona erer [11, 48, 74, 75].

Yapılan deneysel gözlemlerden ve çekilen alev fotoğraflarından buji ateşlemeli motorlarda yanma işlemi sırasında silindir içerisinde yanmış ve yanmamış karışım bölgelerinin oluştuğu ve bunların bir alev cephesiyle (reaksiyon bölgesiyle) birbirinden ayrıldığı belirlenmiştir. Çok bölgeli modellerde yanma odası geometrisinin ve alev cephesi yayılmasının etkileri göz önüne alınmaktadır. Bu nedenle bu modeller literatürde sanki boyutlu modeller olarak da isimlendirilirler. Sanki boyutlu modellerde Şekil 5'te de görüldüğü gibi silindir içerisindeki gaz karışımının yanmış ve yanmamış gazlardan oluşan iki bölgeden veya yanmış gaz, yanmamış gaz ve sınır tabaka (genellikle ısıl sınır tabaka) şeklinde üç bölgeden oluştuğu varsayılmaktadır [13, 48, 76].

Sanki boyutlu modellerde aşağıda verilmiş olan ideal gaz durum denklemi, enerjinin korunumu, kütlenin korunumu ve hacim ilişkisi denklemleri kullanılarak, silindir içinde her bir bölgede basınç, sıcaklık, kütle ve hacmin hesaplanabilmesi için bir adi diferansiyel denklem takımı elde edilmektedir [18, 19, 21, 48, 56, 77].

$$pV = mRT \Rightarrow \frac{1}{p}\frac{dp}{dt} + \frac{1}{V}\frac{dV}{dt} = \frac{1}{m}\frac{dm}{dt} + \frac{1}{T}\frac{dT}{dt} \qquad (1.6)$$

$$\Delta U = Q - W + \sum m_i h_i \Rightarrow m\frac{du}{d\theta} + u\frac{dm}{d\theta} = \frac{dQ}{d\theta} - p\frac{dV}{d\theta} + \frac{\dot{m}_i h_i}{\omega} \qquad (1.7)$$

$$m_{top} = m_u + m_b \Rightarrow \frac{dm_u}{dt} = -\frac{dm_b}{dt} \qquad (1.8)$$

$$V = V_u + V_b \Rightarrow \frac{dV}{dt} = \frac{dV_u}{dt} + \frac{dV_b}{dt} \qquad (1.9)$$

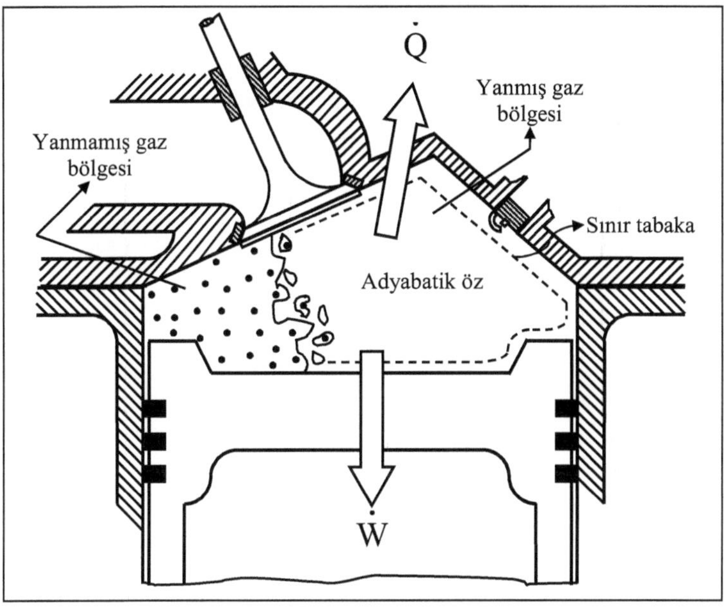

Şekil 5. Yanma işlemi sırasında motor silindirinin şematik gösterimi [41, 48]

Elde edilen denklem sisteminin sayısal çözümü ile her bir bölge için basınç, kütle, hacim ve sıcaklık değerleri hesaplanır. Söz konusu denklem sisteminin çözülebilmesi için kütlesel yanma oranının uygun yaklaşımlarla belirlenmesi gereklidir. Kütlesel yanma oranın belirlenmesi ise modellemede uygulanan yaklaşıma göre farklılık göstermektedir.

Sanki boyutlu modeller de kendi arasında modellemede uygulanan yaklaşıma göre iki bölgeli ve üç bölgeli modeller olmak üzere ikiye ayrılırlar. İki bölgeli modellerde Şekil

6'da görüldüğü gibi yanma işlemi sırasında yanmış ve yanmamış gaz karışımı bölgelerinin oldukça ince bir reaksiyon bölgesiyle birbirinden ayrıldığı varsayılır ve modelleme sırasında reaksiyon bölgesi dikkate alınmaz [78].

Bu modellerde genellikle küresel olduğu kabul edilen A_f yüzey alanına sahip alev cephesinin, yanmamış gaz karışımı içerisinde U_f alev hızıyla ilerlediği varsayılır. Bu durumda, kütlesel yanma oranı aşağıda verilen bağıntı kullanılarak hesaplanmaktadır [12, 13, 79–81].

$$\frac{dm_b}{dt} = \rho_u A_f U_f \tag{1.10}$$

Yukarıda verilen (1.10) bağıntısında; ρ_u yanmamış gaz karışımının yoğunluğu, A_f alev cephesi serbest yüzey alanı, U_f ise alev hızıdır.

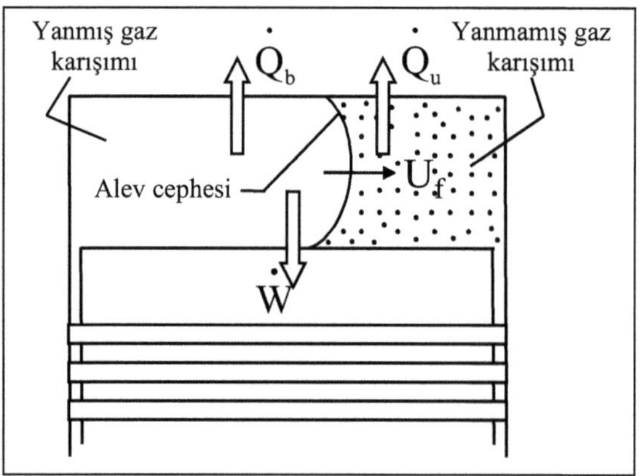

Şekil 6. İki bölgeli yanma modelinin şematik gösterimi

Ancak yapılan deneysel gözlemlerden buji ateşlemeli motorlarda yanma işlemi sırasında ihmal edilemeyecek kalınlıkta bir reaksiyon (alev) bölgesinin oluştuğu gözlenmiştir. Bu nedenle kurulan modelin daha gerçekçi sonuç verebilmesi için reaksiyon bölgesinin de uygun yaklaşımlarla hesaba katılması gerekir. Üç bölgeli modellerde Şekil 7'de görüldüğü gibi reaksiyon bölgesi de dikkate alınarak modelleme işlemi yapılmaktadır.

Türbülanslı alev yayılması modeli olarak bilenen bu yaklaşım ilk olarak Blizard ve Keck [82] tarafından geliştirilmiştir. Blizard ve Keck, l_T karakteristik yarıçapa sahip girdapların U_e türbülanslı çekilme hızıyla alev cephesinin içine çekildiklerini ve τ_b karakteristik reaksiyon zamanı içinde S_L laminer alev hızıyla yandıklarını varsaymışlardır [48]. Bu varsayımlar altında birim zamanda alev cephesi içene çekilen m_e kütlesi ve m_b yanmış kütle miktarlarının belirlenmesi için aşağıdaki bağıntıları geliştirmişlerdir [82–87]:

$$\frac{dm_e}{dt} = \rho_u A_f U_e \tag{1.11}$$

$$U_e = U_T + S_L \tag{1.12}$$

$$\frac{dm_b}{dt} = \frac{m_e - m_b}{\tau_b} \tag{1.13}$$

$$\tau_b = \frac{l_T}{S_L} \tag{1.14}$$

En son verilen denklemlerde, ρ_u yanmamış gaz karışımının yoğunluğu, A_f alev cephesi serbest yüzey alanı, U_T türbülanslı hızdır.

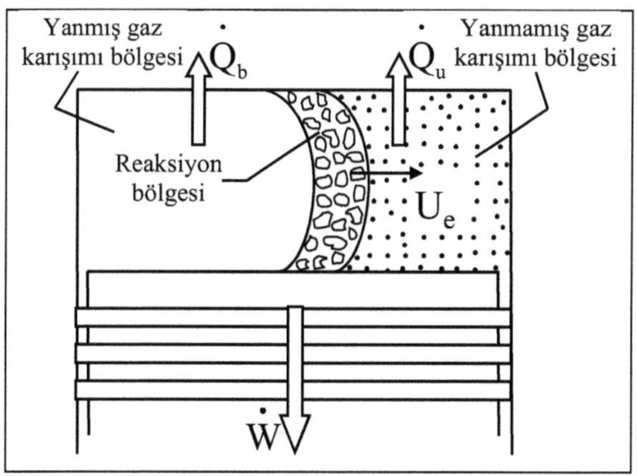

Şekil 7. Üç bölgeli yanma modelinin şematik gösterimi

Son yıllarda boyutlu çevrim modellerini geliştirmeye ve yaygınlaştırmaya yönelik çalışmalarda artmış olmasına karşın termodinamik modeller endüstride ve akademik alanda yaygın olarak kullanılmaya devam etmektedir [57]. Bu durum termodinamik modellerin kullanımının pratik olmasından ve gerçek motor karakteristiklerine uygun sonuçlar vermesinden kaynaklanmaktadır [17]. Ayrıca boyutlu modellerin yüksek bilgisayar kapasitesi gerektirmesi ve modellemede karşılaşılan zorluklar termodinamik modellerin tercih edilmesinde etkili olmaktadır.

1.3.2.2. Termodinamik Çevrim Modellerinin Yapısı

Termodinamik çevrim modellerinde emme, sıkıştırma, yanma, genişleme ve egzoz işlemleri boyunca çeşitli gazların karışımından oluşan iş akışkanının termodinamik ve kimyasal özellikleri hesaplanmaktadır. Şekil 8'de bir termodinamik çevrim modelinin genel yapısı şematik olarak gösterilmiştir. Şekilde görüldüğü gibi bir termodinamik çevrim modelinde; emme ve egzoz işlemleri sırasındaki akış özellikleri, gazların termodinamik özellikleri, silindir ve supap geometrisi, yanmış kütle oranı, silindir duvarlarından olan ısı transferi, egzoz emisyonları ve motor performans büyüklükleri hesaplanmaktadır [13, 34, 88]. Söz konusu büyüklüklerin hesaplanabilmesi için aşağıda verilmiş olan çeşitli alt modellerden yararlanılır.

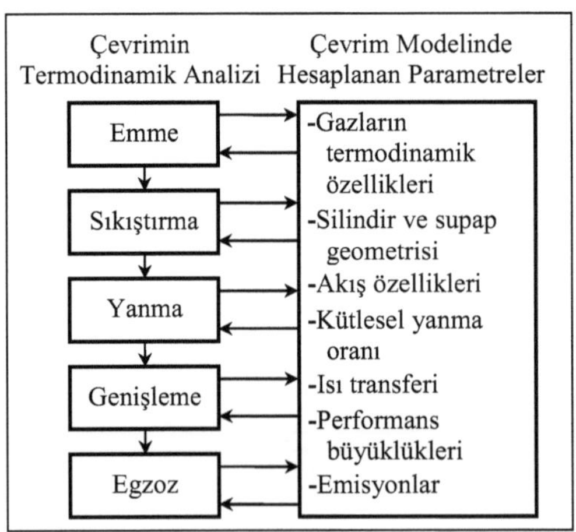

Şekil 8. Termodinamik çevrim modelinin genel yapısı [88]

1.3.2.2.1. Gazların Termodinamik Özelliklerinin Hesaplanması

İçten yanmalı motorlarda iş akışkanı çeşitli gazların karışımından oluşmakta ve bu gazların termodinamik ve kimyasal özellikleri çevrim boyunca sürekli değişmektedir. Silindirde bulunan gaz karışımının yapısı kullanılan yakıtın cinsine, ekivalans oranına, sıcaklığa ve basınca göre değişim gösterir [38, 48, 65, 66, 89, 90]. Buji ateşlemeli motorlarda emme ve sıkıştırma işlemleri süresince silindirde yakıt buharı, hava ve artık gazlardan oluşan ve reaktif olmayan bir gaz karışımının olduğu varsayılır. Yanma işleminin başlamasıyla, silindir içersinde yanmış ve yanmamış gaz karışımlarından oluşan iki bölge oluşur. Yanma işlemi boyunca iki bölgedeki gazların birbirine karışmadığı yanmış gazların kimyasal dengede oldukları ve yanmamış gazların birbirleriyle reaksiyona girmedikleri kabul edilir. Çevrim boyunca tüm gazların ideal gaz davranışı gösterdiği kabul edilir. Bu varsayımlara dayalı olarak yanmış ve yanmamış gazların özgül ısı, entalpi ve entropi gibi termodinamik özeliklerinin belirlenmesinde aşağıdaki gibi sıcaklığa bağlı polinom fonksiyonları kullanılır [1, 35–38, 48, 65, 66, 89, 90].

$$\frac{c_p}{R} = a_1 + a_2 T + a_3 T^2 + a_4 T^3 + a_5 T^4 \tag{1.15}$$

$$\frac{h}{RT} = a_1 + \frac{a_2}{2} T + \frac{a_3}{3} T^2 + \frac{a_4}{4} T^3 + \frac{a_5}{5} T^4 + \frac{a_6}{T} \tag{1.16}$$

$$\frac{s}{R} = a_1 \ln T + a_2 T + \frac{a_3}{2} T^2 + \frac{a_4}{3} T^3 + \frac{a_5}{4} T^4 + a_7 \tag{1.17}$$

Bu bağıntılarda (a_1, a_2,..., a_n) katsayılardır ve literatürden elde edilebilir [1, 36–38, 48, 65, 66, 90].

1.3.2.2.2. Akış Özelliklerinin Belirlenmesi

Motorlarda emme zamanında açılan emme supabından taze dolgu (hava veya yakıt-hava karışımı) silindire alınır ve silindir içerisinde bir önceki çevrimden kalan artık gazlarla karışarak silindir dolgusunu oluşturur. Egzoz zamanında ise egzoz supabının açılmasıyla yanmış gazlar silindirden dışarı atılır. Bu işleme dolgu değişimi adı verilmektedir. Çevrim modelinde emme ve egzoz kanallarında ve silindirdeki akış özelliklerinin belirlenebilmesi için akış hareketlerinin uygun yaklaşımlarla modellenmesi gerekir. Motorlarda silindirde, emme ve egzoz kanallarında süreksiz ve üç boyutlu akış hareketleri meydana gelmektedir. Bu nedenle akış karakteristiklerini ayrıntılı olarak belirleyebilmek için boyutlu modellerin kullanılması gereklidir [91–94]. Ancak ayrıntılı hesap gerekmeyen durumlarda akış özellikleri ile ilgili büyüklüklerin belirlenmesinde daha pratik bir yöntem olarak ampirik bağıntıların kullanılması daha uygundur [21–23, 34, 48, 65, 66].

1.3.2.2.3. Silindir ve Supap Geometrisinin Belirlenmesi

İçten yanmalı motorlarda, pistonun silindir içerisinde hareketi sırasında AÖN ile ÜÖN arasında taradığı hacim strok hacmi (V_h) olarak isimlendirilir. Piston AÖN'da iken sınırladığı hacmin (toplam hacim (V_t)), ÜÖN'da iken sınırladığı hacme (ölü hacim (V_c)) oranı ise sıkıştırma oranı olarak adlandırılır [1, 11, 95].

$$\varepsilon = \frac{V_c + V_h}{V_c} = \frac{V_t}{V_c} \quad (1.18)$$

Pistonun AÖN ile ÜÖN arasında kat ettiği mesafe olan strok uzunluğu ise aşağıdaki bağıntıyla hesaplanır.

$$S = 2R_c \quad (1.19)$$

Pistonun hareketiyle silindir hacmi sürekli olarak değişir. Bu nedenle çevrim hesabında anlık silinidir hacminin belirlenmesi gerekir. Anlık silindir hacmi aşağıdaki gibi hesaplanır.

$$V = V_c + \frac{\pi D^2}{4} Z \quad (1.20)$$

$$Z = L_b + R_c(1-\cos\theta) - \sqrt{L_b^2 - (R_c\sin\theta)^2} \quad (1.21)$$

$$r_L = L_b/R_c \quad (1.22)$$

$$V = V_c\left\{\left[1+\frac{1}{2}(\varepsilon-1)\right]\left[r_L + 1 - \cos\theta - \sqrt{\left(r_L{}^2 - \sin^2\theta\right)}\right]\right\} \quad (1.23)$$

$$\frac{dV}{d\theta} = \frac{\pi D^2}{4}2Z\frac{dZ}{d\theta} \quad (1.24)$$

$$\frac{dZ}{d\theta} = R_c\sin\theta\left[1 + R_c\cos\theta\frac{1}{\left(L_b^2 - (R_c\sin\theta)^2\right)}\right] \quad (1.25)$$

Her motor farklı supap yapısına ve kam mili mekanizmasına sahiptir. Bu nedenle supap geometrisi ile ilgili büyüklükler incelenen motora uygun şekilde belirlenmelidir.

1.3.2.2.4. Kütlesel Yanma Oranının Belirlenmesi

Motor çevrim modellerinin en önemli aşaması yanma işleminin modellenmesidir. Yanma işlemi sırasında silindire alınan yakıtın kimyasal enerjisi ısı enerjisine dönüşür. Açığa çıkan ısı enerjisi silinidir içerisinde sıcaklığın ve basıncın artmasını sağlar ve motordan faydalı iş elde edilir. Yanma işlemi sırasında oldukça karmaşık kimyasal ve fiziksel olaylar meydana gelmektedir. Yapılan çalışmalar buji ateşlemeli motorlarda yanma işleminin üç aşamada gerçekleştiğini göstermiştir. Alev çekirdeğinin oluşumu olarak düşünülen ilk aşamada ateşlemenin yapılmasıyla buji tırnakları etrafında bir alev çekirdeği oluşur. Bu periyotta yanma işleminin laminer yapıda gerçekleştiği ve silindirde bulunan karışımın yaklaşık %1-10'unun yandığı varsayılmaktadır. İkinci aşamada alev çekirdeğinin gelişmesiyle oluşan ve genellikle küresel olduğu kabul edilen alev cephesi yanmamış gazlar içerisinde türbülanslı olarak ilerler. Alev yayılması olarak da adlandırılan bu periyotta silindir dolgusunun yaklaşık %90'lık kısmı yanmaktadır. Son aşamada ise alev cephesi içine çekilmiş olan tüm karışımın yanmasıyla yanma işlemi sona erer [1, 2, 48, 73,

96, 97]. Yanma modellerinde belirlenmesi gereken en önemli parametre yanmış kütle oranıdır. Kurulan yanma modeline bağlı olarak yanmış kütle oranının belirlenmesi de değişir. Yukarıda da belirtildiği gibi kütlesel yanma oranı ya Wiebe fonksiyonu ve kosinüs yanma bağıntısı gibi ampirik bağıntılar yardımıyla veya sanki boyutlu modellerde olduğu gibi alev yayılması etkileri dikkate alınarak belirlenir. Sanki boyutlu modellerde kütlesel yanma oranı belirlenirken alev geometrisiyle ilgili parametreleri hesaplamak için bir geometrik alt modelin de kullanılması gerekir. Bu konuyla ilgili ayrıntılı bilgi ikinci bölümde verilmiştir.

1.3.2.2.5. Isı Transferinin Hesabı

Isı transferi, çevrim modelinde hesaplanması gereken önemli büyüklüklerden birisidir. Isı transferinin motorun gücü, verimi ve egzoz emisyonları üzerinde önemli etkileri vardır [98–100]. Isı transferi miktarının artması silindir basıncını ve sıcaklığını azaltarak motor gücünün ve verimin azalmasına neden olmaktadır [71, 100, 101]. Bu nedenle çevrim hesabında ısı kayıplarının uygun yaklaşımlarla hesaplanması gerekmektedir. Motorlarda ısı transferi iletim, taşınım ve ışınım mekanizmalarının her üçü ile de gerçekleşir [102]. Ancak silindir içerisindeki gazlarla silindir duvarları arasındaki ısı geçişi büyük ölçüde konveksiyonla (taşınımla) olmakta ve diğer ısı transferi mekanizmaları oldukça düşük seviyede kalmaktadır. Silindir içindeki gazlardan silindir duvarlarına taşınım ile geçen ısı miktarı genellikle Newton Soğuma Kanununa göre hesaplanmaktadır [15, 18, 67, 70, 95].

$$\dot{Q}_w = h_g A(T_g - T_w) \tag{1.26}$$

Yukarıdaki eşitlikte h_g ısı taşınım katsayısını, A toplam ısı transferi yüzey alanını, T_g silindirdeki gaz karışımının sıcaklığını, T_w duvar sıcaklığını göstermektedir. Isı transferi modellerinde h_g ısı transfer katsayısı ampirik bağıntılarla veya zamana ve konuma bağlı olarak hesaplanır. Isı transfer katsayısının ampirik olarak hesaplanmasında, boru ve düz plakalarda sürekli akış için kullanılan yöntemlere benzer yaklaşımlar uygulanmaktadır [13, 15, 37, 48, 103].

$$Nu = a\,Re^{b}Pr^{c} \tag{1.27}$$

$$Nu = \frac{h\,L}{k} \tag{1.28}$$

$$Re = \frac{\rho U L}{\mu} \tag{1.29}$$

$$Pr = \frac{c_p \mu}{k} \tag{1.30}$$

Burada; Nu Nusselt sayısı, Re Reynolds sayısı, Pr Prandtl sayısı, a, b ve c sabitlerdir. Nu, Re ve Pr sayılarının hesaplanması için U karakteristik hız, L karakteristik uzunluk, k ısı iletim katsayısı, ρ gaz karışımın yoğunluğu, c_p özgül ısı ve μ dinamik viskozite değerlerinin belirlenmesi gerekmektedir. Isı transferi modellerinde karakteristik hız ve karakteristik uzunluğun belirlenmesinde farklı yaklaşımlar uygulanmaktadır. Karakteristik hız ve karakteristik uzunluğun belirlenmesine yönelik farklı yaklaşımlarla ilgili ayrıntılı bilgiler [101]'de verilmektedir.

Yukarıdaki bağıntılar kullanılarak belirlenen ısı transfer katsayısı genel olup konuma göre değişmemektedir. Isı transfer katsayısının konuma göre değişimini belirlemek için yerel türbülans alanına göre hesap yapılması gerekir [48, 104, 105].

1.4. Ekserji Analizi

1.4.1. Giriş

Günümüzde araştırmacıların en çok üzerinde çalıştığı konulardan biri hiç şüphesiz enerjiyi doğru ve etkili biçimde kullanabilmektir. Enerji kaynaklarının sınırlı olduğunun fark edilmesi ve enerji tüketiminin her geçen gün katlanarak artması gündelik hayatta daha verimli ve ekonomik enerji kullanımına yönelik çalışmalara büyük önem kazandırmaktadır. Enerjinin üretimi ve dönüşümü sırasında düşük verimli sistemlerin ve yetersiz teknolojilerin kullanılması maliyetleri artırmakta ve çevreyi olumsuz yönde etkilemektedir. Bu nedenle enerjinin doğru ve verimli kullanımı toplum, ekonomi ve çevre açısından büyük önem taşımaktadır. Bu bilincin bir sonucu olarak; binalarda, endüstride, motorlu taşıtlarda ve enerji dönüşüm sistemlerinde verimliliği arttırmaya ve çevreyi korunmaya yönelik çalışmalar sürekli olarak artmaktadır [35, 106–111]. Bu çalışmalarda ekserji analizinin kullanımı özellikle son yıllarda hızlı bir biçimde yaygınlaşmıştır. Çünkü ekserji analizi enerji sistemlerinin tasarımı, analizi, verimli bir şekilde işletilmesi ve performansının iyileştirilmesi açısından oldukça uygun ve güçlü bir araçtır.

Enerji dönüşüm sistemlerinin incelenmesinde ve değerlendirmesinde yaygın olarak enerji veya ekserji kriterlerinden yararlanılmaktadır. Enerji tabanlı değerlendirmede termodinamiğin birinci kanununa dayalı yaklaşımlar sistemlere uygulanırken, ekserji analizinde korunum kanunlarıyla birlikte termodinamiğin ikinci kanununa dayalı yaklaşımlar da incelenen sistemlere uygulanmaktadır [107, 112, 113]. Termodinamiğin birinci kanunu enerjinin sadece niceliğiyle (miktarı) ilgilendiğinden termodinamiğin birinci kanununa göre potansiyel, kinetik, ısı, iş, elektrik gibi tüm enerji türleri aynı değerdedir. Ayrıca termodinamiğin birinci kanununa göre enerji korunan bir özelik olduğundan herhangi bir durum değişimi sırasında var olan enerji miktarı korunur. Termodinamiğin ikinci kanununu ise enerjinin niceliği (miktarı) yanında niteliğini (kalitesi) de göz önüne aldığından sistemdeki enerjinin kalitesini ortaya koymaktadır. Termodinamiğin ikinci kanununa göre enerji dönüşümü sırasında enerjinin miktarı korunmasına karşın kalitesi düşer. Bu nedenle enerjinin kullanılabilir kısmı olarak tanımlanan ekserji korunmaz ve tersinmezliklerden kaynaklanan entropi üretimi nedeniyle azalır [114–117]. Ekserji analizi, enerjinin iş yapabilme potansiyelini ve kalitesini ortaya çıkararak enerjinin kullanılamayan kısmının ve tersinmezliklerden kaynaklanan kayıpların miktarının, türlerinin ve yerlerinin belirlenmesine olanak sağlar. Böylece sistemdeki kayıplar ve sistemin verimi ayrıntılı olarak belirlenebilir, düşük verimle çalışan kısımlar tespit edilerek iyileştirilebilir ve farklı sistemler birbiriyle karşılaştırılabilir [107, 118–120]. Bu yönüyle ekserji analizi enerji kaynaklarının verimli kullanımı, daha verimli enerji dönüşüm sistemlerinin tasarımı ve var olan bir sistemin performansının iyileştirilmesi için oldukça kullanışlıdır.

Diğer taraftan ekserjinin; enerji, ekonomi ve çevre ile ilişkili disiplinler arası bir kavram olması ekserji analizini enerji kullanımı sırasında ekonomikliğin ve çevre üzerinde oluşabilecek etkilerin değerlendirilebilmesi için de oldukça etkili bir yöntem haline getirmektedir [107, 121–124]. Bu durum Şekil 9’da şematik olarak gösterilmiştir.

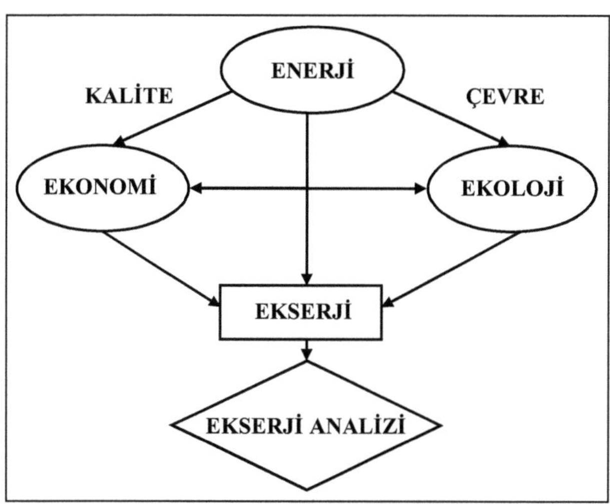

Şekil 9. Enerji-Ekonomi-Ekoloji ilişkisinin ekserji analizi açısından değerlendirilmesi [125]

1.4.2. Ekserji ile İlgili Temel Kavramlar

Yukarıda da belirtildiği gibi ekserji termodinamiğin ikinci kanunundan türetilmiş bir kavramdır. Termodinamiğin ikinci kanununun temelleri ise Sadi Carnot ve Paul Emile Clapeyron'un yapmış olduğu çalışmalara dayanmaktadır. Carnot 1824 yılında yazdığı bir yazısında, bir ısı makinasından elde edilebilecek işin, ısı alışverişinde bulunulan kaynakların sıcaklıklarıyla orantılı olduğunu açıklamıştır. Clapeyron 1830'da, Carnot'un çalışmalarını tekrar düzenleyerek yayınlamış ve daha geniş kitlelere ulaşmasını sağlamıştır. Alman fizikçi Rudolf Clausius 1850'de, Carnot'un çalışmalarını inceleyerek onun teorisini geliştirmiş ve termodinamiğin ikinci kanununun esaslarını ortaya koymuştur. Aynı zaman dilimi içinde Lord Kelvin termodinamiğin ikinci kanununun ısı makinalarına yönelik esaslarını geliştirmiştir. Josiah Willard Gibbs 1873'de, ikinci kanun analizi kavramını geliştirmiş ve bir sistemden elde edilebilir işin göstergesi olan kullanılabilirliği hesaplamayı başarmıştır. Gibbs'in sağldığı bu çalışma ilerleyen zaman içinde ikinci kanun analizinin yaygınlaşmasına önemli katkı sağlamıştır. Yakın geçmişte ise Joseph Keenan ikinci kanun analizinin farklı alanlara uygulanmasına yönelik çalışmalar gerçekleştirmiştir. "Ekserji" terimi ilk kez Alman fizikçi Zoran Rant tarafından sistemin faydalı enerjisini ifade etmek için 1856'da yayınladığı bir makalesinde kullanmıştır [123, 126]. Ekserjinin tanımı ise ilk olarak Alman bilim adamı Hans Dieter Baehr tarafından 1965'te "Ekserji, enerjinin diğer enerji türlerine dönüştürülebilen kısmıdır" şeklinde yapılmıştır. Ekserjinin bu tanımı nitel olup nicel (sayısal) hesaplamalarda kullanılmaya uygun değildir. Daha ayrıntılı ve sayısal hesaplamalarda kullanılabilecek bir tanım ise Fran Bosnjakovic tarafından yapılmıştır. Bosnjakovic'e göre "Ekserji tersinir bir süreç sonunda çevre ile sistemin denge haline gelmesi durumunda elde edilebilecek maksimum iş miktarıdır" [127, 128].

Yukarıda belirtildiği gibi, ekserji veya başka bir ifadeyle kullanılabilirlik; dönüştürülebilir (kullanılabilir) enerji veya belirli bir durumdaki sistemde var olan enerjiden durum değişimi boyunca elde edilebilecek en fazla iş olarak tanımlanmaktadır. Bir sistemin kullanılabilirlik değişimi sistemin ilk ve son durumlarına ve geçirdiği durum değişiminin türüne bağlıdır. Sistem tarafından yapılabilecek en çok iş durum değişiminin tersinir olması ve sistemin durum değişimi sonunda ölü durumda olmasıyla elde edilebilir. Bir sistemin ölü durumda olması sistemin çevresiyle termodinamik, mekanik ve kimyasal dengede olması anlamına gelmektedir. Ölü durumdaki sistem çevresiyle aynı sıcaklık ve basınçtadır ve çevresiyle kimyasal reaksiyona girmez. Bu açıklamalardan anlaşılacağı ve Şekil 10'da da görüldüğü gibi kullanılabilirlik sadece sistemin değil, sistem yakın (referans) çevre ikilisinden oluşan ayrık sistemin bir özelliğidir [35, 112, 120].

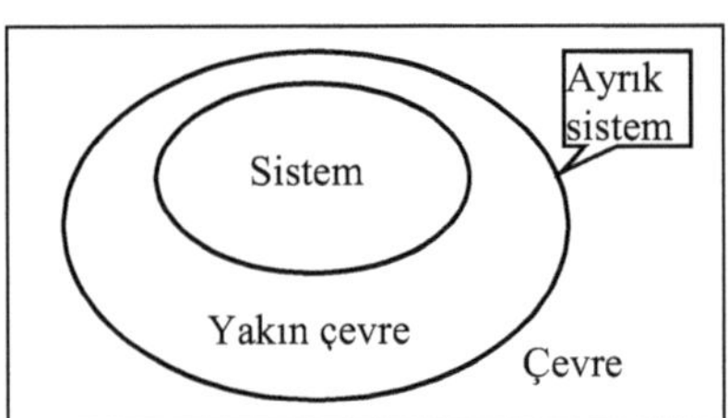

Şekil 10. Ekserji analizi açısından ayrık sistemin şematik gösterimi

Ayrık sistem için kullanılabilirlik matematiksel olarak aşağıdaki gibi ifade edilir [112, 120, 129].

$$A = E + p_0 V - T_0 S - \sum m_i \mu_i^0 \quad (1.31)$$

$$E = U + EK + EP \tag{1.32}$$

Yukarıdaki bağıntılarda; E toplam enerji, U iç enerji, EK kinetik enerji, EP potansiyel enerji, p basınç, V hacim, T sıcaklık, S entropi, m_i her bir maddenin kütlesi, μ_i her bir maddenin kimyasal potansiyelidir, 0 alt veya üst indisi yakın çevreye ait özellikleri ifade etmektedir.

En genel durumda ekserji sistemin termomekanik ve kimyasal ekserjilerinin toplamına eşittir. Termomekanik ekserji, ayrık sistemin tersinir bir durum değişiminden geçerken çevresiyle termal ve mekanik dengeye ulaşıncaya kadar sistemden elde edilebilecek en fazla iş olarak tanımlanmaktadır ve aşağıdaki gibi ifade edilir [112, 120, 123, 124, 129].

$$A_{tm} = E + p_0 V - T_0 S - \sum m_i \mu_{i0} \tag{1.33}$$

Çevreyle ısıl ve mekanik dengeye ulaşmış ancak kimyasal dengeye ulaşmamış olan sistem sınırlı ölü durumdadır ve böyle bir sistemden çevreyle kimyasal dengeye ulaşıncaya kadar ek iş elde edilebilir. Ayrık sistemden çevreyle kimyasal dengeye ulaşıncaya kadar elde edilecek en fazla iş ise kimyasal ekserji olarak tanımlanmaktadır [120, 129].

$$A_{kim} = \sum m_i (\mu_{i0} - \mu_i^0) = T_0 \sum m_i R_i \ln\left(x_{i0} / x_i^0\right) \tag{1.34}$$

Yukarıda verilen (1.33) ve (1.34) bağıntılarında yer alan, μ_{i0} sınırlı ölü durumdaki kimyasal potansiyeli, μ_i^0 ise tam ölü durumdaki kimyasal potansiyeli, R_i her bir maddenin gaz sabitini, x_{i0} sınırlı ölü durumdaki mol oranlarını, x_i^0 tam ölü durumdaki mol oranlarını göstermektedir.

Ekserji analizi, bir sistemin termodinamiğin kanunlarına ters düşmeden yapabileceği işin üst sınırını belirlemektedir. Sistemin kullanılabilirliği ile yaptığı gerçek iş (yararlı iş) arasında mutlaka az veya çok bir fark bulunur ve bu fark tersinmezlik olarak adlandırılır. Tersinmezlikler, sistemin termodinamik, mekanik veya kimyasal bir süreçten geçerken gerçekleşen entropi üretimine neden olmaktadır. Kullanılabilirlik ve tersinmezlik kavramları ikinci kanun veriminin ortaya çıkmasına neden olmuştur. Bağıl verim veya iyilik derecesi olarak da bilinen ikinci kanun verimi bir sistemin gerçekte ürettiği yararlı işin sistemin kullanılabilirliğine oranı olarak tanımlanmaktadır [112, 120].

1.4.3. Ekserji Analizinin İçten Yanmalı Motorlara Uygulanması

İçten yanmalı motorlar alanında ekserji analizine yönelik çalışmalar özellikle son zamanlarda yaygınlaşmaktadır. İçten yanmalı motorlarla ilgili çalışmalarda ikinci kanun analizinin uygulanması motor termodinamiği açısından daha ayrıntılı ve derinlemesine bir inceleme yapılmasına olanak sağlamaktadır. Böylece, gerçeğe daha yakın ve ayrıntılı sonuçlar elde edilebilmektedir [34–36, 129, 130].

İçten yanmalı motorlarda, emme ve egzoz kanallarındaki akışlar, yanma, ısı transferi, egzoz gazlarının dışarı atılması, hareketli motor elemanları arasındaki sürtünme gibi olaylardan kaynaklanan tersinmezliklere yakıt ekserjisinin önemli bir bölümünü harcanmaktadır. Bu durum motordan elde edilebilecek faydalı işin dolayısıyla verimin düşmesine neden olmaktadır. Ekserji analizi, motordan en iyi performans ve verimin alınacağı optimum çalışma koşullarının belirlenmesi ve tersinmezliklerin azaltılmasına yönelik geliştirme çalışmaları için oldukça uygundur.

1.5. Literatür Araştırması

İçten yanmalı motorlara ikinci kanun analizinin uygulanmasıyla ilgili çalışmaların geçmişi 1950'li yıllara kadar uzanmakla beraber bu alandaki çalışmalar özellikle son yıllarda artış göstermiştir. Aşağıda içten yanmalı motorlara ekserji analizinin uygulanmasına yönelik yapılan başlıca çalışmalar kronolojik sırayla kısaca tanıtılmıştır.

Caton [130], 1957'de Traupel'in biri doğal emişli diğeri turbo şarjlı iki farklı dizel motoru için ölçtüğü deneysel verileri kullanarak ekserji büyüklüklerini hesaplamaya yönelik bir çalışma gerçekleştirdiğini bildirmiştir. Traupel çalışmasıyla ilgili çok ayrıntılı bilgi vermemiş olmakla birlikte, yakıt ekserjisinin yanmadan kaynaklanan tersinmezlikler nedeniyle, doğal emişli motorda %22.5 ve turbo şarjlı motorda %21.9 oranında azaldığını açıklamıştır. Ayrıca genel olarak ekserji kayıplarının soğutma ve egzoz işlemi sırasındaki kayıplardan, mekanik kayıplardan ve aerodinamik kayıplardan kaynaklandığını belirtmiştir.

Caton [130], 1964'te Pattterson ve van Wylen'nin buji ateşlemeli motorlar için entropi değerlerini de hesaplayan basitleştirilmiş bir termodinamik çevrim modeli geliştirdiğini bildirmiştir. Hesaplanan entropi değerlerini sıkıştırma ve genişleme süreçlerindeki ekserji miktarını belirlemede kullanmışlardır. Çalışmada kullanılan çevrim modelinde bazı basitleştirmeler yapılmıştır. Emme ve egzoz işlemlerinin sabit basınç altında gerçekleştiği, supapların tam ölü noktalarda açılıp kapandığı, sıkıştırma ve genişleme işlemlerinin adyabatik olduğu kabul edilmiştir. Çalışmadan elde edilen sonuçlara göre, sıkıştırma başlangıcında var olan toplam ekserjinin 1/3'ünün faydalı iş olarak değerlendirildiği, 1/3'ünün yanma ve ısı transferi kayıplarıyla harcandığı ve kalan 1/3' ünün ise egzoz işlemi sırasında dışarıya atıldığı belirlenmiştir.

Abdel-Rahim [36] 1984'te buji ateşlemeli motor çevrimine termodinamiğin ikinci kanun analizinin uygulanmasına yönelik bir çalışma yapmıştır. Çalışmada hava standart Otto çevrimi ve gerçek Otto çevrimi ekserji analizi açısından incelenmiştir. Hava standart Otto çevrimine yönelik incelemede sıkıştırma oranı, çevrim başlangıç sıcaklığı ve maksimum çevrim sıcaklığı gibi parametreler için çevrimde kullanılabilir enerji, çevrim işi ve kullanılamayan enerjinin yanı sıra birinci kanun ve ikinci kanun verimleri belirlenmiştir. Abdel-Rahim, tipik bir sonuç olarak ε=8 değeri için çevrime giren enerjinin yaklaşık %40'nın kullanılamadığını ve incelenen parametreler için ikinci kanun verimin birinci kanun veriminden daha yüksek değerler aldığını belirlemiştir. Gerçek Otto çevrimine yönelik incelemede ise boyutsuz (termodinamik) bir çevrim modeli kullanılarak çeşitli tasarım ve işletme parametrelerinin etkileri ikinci yasa analizi ile incelenmiştir. Çevrim modelinden elde edilen performans değerleri deneysel çalışma sonuçlarıyla karşılaştırılmıştır. Çalışma sonucunda geliştirilen modelle elde edilen değerlerin, efektif güç için yaklaşık %25, birinci ve ikinci kanun verimleri için yaklaşık %18 oranlarında deneysel sonuçlardan yüksek ve özgül yakıt tüketimi için yaklaşık %25 oranında dneysel sonuçlardan düşük olduğu belirlenmiştir. Ayrıca yapılan çalışmanın ileride yapılacak daha ayrıntılı çalışmalar için ilk adım olduğu belirtilmiştir.

Caton [130], 1984'te Flynn vd.'nin, turbo şarjlı, ara soğutmalı bir dizel motoru için ikinci kanun analizine yönelik bir çalışma yaptığını bildirmiştir. Çalışmada kullanılan motor 14 litre silindir hacmine sahip sıra tipi 6 silindirli bir dizel motorudur ve 2100 d/dk'da 300 kW güç üretmektedir. Çalışmada motora ait termodinamik büyüklüklerin teorik olarak hesaplanması için standart bir termodinamik çevrim modeli kullanılmıştır. Sözü geçen termodinamik çevrim modeli kullanılarak entropi ve ekserji değerleri de belirlenmiştir. Çalışmanın sonuçlarına göre yakıt ekserjisinin yaklaşık %46'sının faydalı işe dönüştürüldüğü, %26'sının çeşitli kayıplara harcandığı, %10'unun ısı olarak çevreye atıldığı ve %18'inin de egzozdan dışarı atıldığı belirlenmiştir.

Caton [130], 1985'te Primus ve Flynn tarafından, turbo şarjlı, ara soğutmalı, direkt püskürtmeli, toplam silindir hacmi 10 litre olan 6 silindirli bir dizel motor kullanılarak ekserji analizine yönelik bir çalışma yapılmış olduğunu bildirmiştir. Bu çalışmada, devir sayısı, motor yükü, maksimum silindir basıncı, sıkıştırma oranı, emme havası sıcaklığı ve püskürtme avansı gibi çok sayıda parametreyi kullanarak ekserji analizi gerçekleştirilmiştir. Çalışma sonucunda, yanma süresi kısaldıkça yanma işlemi sırasında harcanan ekserji miktarının, artan silindir basıncı ve sıcaklığı ile azaldığını belirlenmiştir. Ayrıca püskürtme avansı arttırıldıkça silindir içindeki basınç ve sıcaklığın azalması nedeniyle yanma işlemi sırasında harcanan ekserji miktarının arttığı belirtilmiştir. Yanma işlemi sırasında harcanan ekserjinin değişen yüke (ekivalans oranına) bağlı olarak %21.8-32.5 oranında değiştiği belirlenmiştir.

Alkidas [131] 1988'de, ikinci kanun analizini bir dizel motoru için uygulamıştır. Çalışmasında silindir hacmi 2 litre olan tek silindirli açık yanma odalı direkt püskürtmeli bir dizel motoru kullanmıştır. Deney motoru farklı yüklemeler altında 1200-1800 d/dk devir sayısı aralığında çalıştırılarak deneyler gerçekleştirilmiştir. Bu çalışma iki yönü ile diğer çalışmalardan farklılık göstermektedir. İlk olarak, bu çalışmada silindirin dışı termodinamik sistem olarak kabul edilmiş, ikinci olarak ise ekserji değerlerinin hesaplanmasında deneysel veriler kullanılmıştır. Alkidas çalışmasının sonucunda en büyük ekserji kaybının ısı transferinden kaynaklandığını ve yanma işleminin ısı transferinden sonra en yüksek ekserji kaybına yol açtığını belirtmiştir. Yanmadan kaynaklanan ekserji kaybının yakıt ekserjisi içinde %25-43'lük bir paya sahip olduğu belirlenmiştir. Ayrıca emme havasının ısıtılmasının artan yanma sıcaklığı nedeniyle yanmadaki tersinmezlikleri azalttığı belirtilmiştir.

Kumar [37] 1989'da, tek silindirli, direkt püskürtmeli bir dizel motoru için kapsamlı bir çevrim modeli kullanarak ikinci kanun analizi gerçekleştirmiştir. Çalışma sonucunda, ekivalans oranının 0.7 ve devir sayısının 2000 d/dk olarak seçildiği çalışma koşulları için yakıt ekserjisinin yaklaşık %49'unun faydalı işe dönüştürülebildiği, %14.8'nin supaplardaki kısılma kayıplarına, %9.3'ünün yanmadan kaynaklanan tersinmezliklere ve %27.6'sının ise diğer kayıplara harcandığı belirlenmiştir.

Caton [130], 1989'da Lipkea ve DeJoodee tarafından, turbo şarjlı ve ara soğutmalı silindir hacmi 7.6 litre olan 6 silindirli direkt püskürtmeli iki adet dizel motoru için ikinci kanun analizine dayalı bir çalışma gerçekleştirdiğini bildirmiştir. Çalışmada hem deneysel hem de teorik inceleme yapılmıştır. Modelleme kısmında kimyasal ekserji de dikkate alınmış, ölü durum koşulları 101.34 kPa ve 298.15 K olarak kabul edilmiştir. Çalışmada, ekserji analizinden yararlanarak tersinmezliklerin ve ekserji kayıplarının belirlenmesi amaçlanmıştır. Her bir motor elemanı (turbo şarj donanımı, ara soğutma sistemi, portlar, manifoldlar ve motor silindiri) için ayrı ayrı ekserji analizi uygulanmıştır. Çalışma sonucunda, yakıt ekserjisinin yaklaşık %40'ının yanma, sürtünme, karışım oluşumu ve ısı transferi gibi iç tersinmezliklere harcandığı belirlenmiştir. Ayrıca egzoz kayıpları ve ısı transferiyle kayıpları ile yakıt enerjisinin %60'ının harcandığı ve bunun sadece %20'sinin ek iş olarak geri kazanılabileceğini belirlemişlerdir.

Shapiro ve Van Gerpen [132] 1989'da, daha önce yapmış oldukları çalışmaya, iki bölgeli yanma modelini ekleyerek geliştirmişler ve modeli hem buji ateşlemeli motor hem de dizel motor çevrimlerine uygulamışlardır. Bu çalışma da daha önceki çalışma gibi kimyasal ekserjiyi hesaba katmışlardır. Modelde sadece sıkıştırma, yanma ve genişleme işlemleri ayrıntılı biçimde incelenmiş, emme ve egzoz kanallarındaki akışlar dikkate alınmamıştır. Çalışmada farklı ekivalans oranı, artık egzoz gazları katsayısı ve yanma süreleri için ekserji değerleri krank mili açısına bağlı olarak hesaplanmıştır. Çalışma sonucunda buji ateşlemeli motorlar için ekivalans oranının ve artık gazlar katsayısının değişiminin silindire giren yakıt ekserjisini önemli ölçüde etkilediği belirlenmiştir. Yanma süresinin değişmesinin yararlı işi önemli ölçüde etkilediği, tersinmezlikler üzerinde ise çok az etkili olduğu tespit edilmiştir. Ayrıca yanma süresindeki artışa bağlı olarak yanma işleminden kaynaklanan tersinmezliklerin arttığı belirtilmiştir.

Van Gerpen ve Shapiro [133] 1990'da, dizel motorları için ikinci kanun analizini de içeren bir termodinamik çevrim modeli geliştirmişlerdir. Daha önce yapılmış çalışmalardan farklı olarak bu çalışmada kimyasal ekserji kavramı da işin içine katılmıştır. Çevrim modelinde sadece sıkıştırma, yanma ve genişleme işlemleri göz önünde bulundurulmuş ve sıkıştırma başlangıcında silindir içinde hiç artık gaz bulunmadığı kabul edilmiştir. Ekserji analizinde ölü durum olarak havanın doymuş halde bulunduğu 298.15 K ve 101.35 kPa koşulları alınmıştır. Çalışma sonucunda, kimyasal ekserjinin ekivalans oranına önemli ölçüde bağlı olduğu belirlenmiştir. Fakir ve stokiometrik karışımlar için kimyasal ekserjinin toplam ekserji içinde %15'lik bir paya sahip olduğu, zengin karışımlar için (özelikle ϕ<2.0) bu oranın %90 seviyelerine çıktığı belirtilmiştir.

Caton [130], 1991'de Bozza vd. tarafından, 4 silindirli, direkt püskürtmeli, turbo şarj donanımına sahip bir dizel motoru için ikinci yasa analizini uygulamaya yönelik bir çalışma yapıldığını bildirmiştir. Çalışmada, yanmada açığa çıkan ısı ve akışlarla ilgili veri elde etmek için deneysel sonuçlardan faydalanılmış ve bu sonuçlar geliştirlen modelde kullanılmıştır. Çalışma sonucunda, motorun rejim durumunda çalışması sırasında değişen püskürtme avansı, turbo şarj hızı ve diğer parametrelere bağlı olarak yakıt ekserjisinin %22-26'sının yanma işlemi sırasında harcandığı belirlenmiştir. Ayrıca çalışmada geçici rejim durumu için turbo şarj sisteminin performansı da incelenmiştir.

Gallo ve Milanez [134] 1992'de, buji ateşlemeli motorlarda yakıt olarak etanol ve benzin kullanılması durumunda oluşan tersinmezlikleri belirlemek için termodinamik çevrim modeli kullanarak ikinci kanun analizine dayalı bir çalışma gerçekleştirmiştir. Çalışmada yanma işlemi ve supap zamanlaması üzerine inceleme yapılmıştır. Ateşleme zamanı, yanma süresi ve ekivalans oranının ikinci kanun verimi üzerindeki etkileri incelenmiştir. Çalışma sonucunda, aynı sıkıştırma oranı için etanolun benzine göre daha yüksek yanma verimi ve buna bağlı olarak daha yüksek ekserjetik verim sağladığı belirlenmiştir. Ayrıca etanol kullanıldığında yanmada meydana gelen tersinmezliklerin benzine göre daha düşük seviyede kaldığı belirlenmiştir.

Rakopoulos [135] 1993'te, buji ateşlemeli bir motor için hem deneysel hem de termodinamik bir çevrim modeli kullanarak ikinci kanun analizine yönelik bir çalışma gerçekleştirmiştir. Deneylerde sıkıştırma oranı değiştirilebilen Ricardo E-6 tipi bir buji ateşlemeli motor kullanılmıştır. Çevrim modeli sadece supapların kapalı olduğu durum için geliştirilmiş olup emme ve egzoz kanallarındaki akış etkileri göz önünde bulundurulmamıştır. Yanma işleminin modellenmesinde küresel alev cephesi yaklaşımı uygulanmıştır. Rakopoulos geliştirdiği çevrim modelini deneysel verilere göre düzenleyerek sıkıştırma oranı, ateşleme avansı ve ekivalans oranı gibi parametrelerin etkilerini ikinci kanun analizine dayalı olarak incelemiştir. Çalışma sonucunda ikinci kanun analizinin, yanma sırasında ve çevrimin diğer süreçlerinde oluşan ekserji kayıplarının belirlenmesi ve iyileştirmesi için etkili bir yöntem olduğunu belirtmiştir.

Caton [130], 1993'te Rakopoulos ve Andritsakis tarafından, dört zamanlı dizel motorlarında tersinmezliklerin belirlenmesine yönelik bir çalışma yapıldığını bildirmiştir. Çalışmada biri yüksek hızlı, direkt püskürtmeli, doğal emişli, tek silindirli; diğeri ise orta hızlı, ön yanma odalı, turboşarjlı, 6 silindirli olmak üzere iki ayrı motor kullanılmıştır. Deneysel çalışmadan elde edilen veriler, kütlesel yanma oranının ve tersinmezliklerin belirlenmesinde kullanılmıştır. Çalışma sonucunda geniş bir motor yükü, devir sayısı ve püskürtme avansı aralığında, tersinmezliklerin yakıtın kütlesel yanma oranına bağlı olarak değiştiği belirlenmiştir. Direkt püskürtmeli motor için yakıt ekserjisinin %21-31'nin ön yanma odalı motor için ise yakıt ekserjisinin %24-29'unun tersinmezliklere harcandığı belirtilmiştir. Çalışmada ön yanma odalı motor için ön yanma odası ve ana yanma odası arasındaki akıştan kaynaklanan tersinmezlikler de belirlenmiştir.

Caton [130], 1993'te Rakopoulos vd.'nin, yüksek hızlı, doğal emişli, direkt püskürtmeli bir dizel motoru için ekserji analizini uygulamaya yönelik bir çalışma yaptığını bildirmiştir. Çalışmada, kütlesel yanma oranını ve tersinmezlikleri belirlemek için deneysel verilerden yararlanılmıştır. Çevrim modelinde sadece supapların kapalı olduğu durum göz önünde bulundurulmuş ve çalışma bir dizi motor yükü ve devir sayısı ile sınırlandırılmıştır. İkinci yasa analizi çerçevesinde verimi iyileştirme amacıyla optimum soğutma koşullarının sınırlarını belirlemeye yönelik bir inceleme de gerçekleştirilmiştir. Verimi iyileştirmek için egzoz gazlarının sahip olduğu fazla ekserjiyi geri kazanmaya yönelik donanımların kullanımını önerilmiştir. Çalışma sonucunda artan ekivalans oranı ile tersinmezliklerin azaldığı ve egzoz gazlarının ekserjisinin arttığı belirlenmiştir. Ayrıca tersinmezliklerin ve egzoz gazlarının ekserjisinin artan devir sayısı ile arttığı, artan püskürtme avansı ile ise çok az miktarda azaldığı belirlenmiştir.

Velasquez ve Milanez [136] 1994'te, farklı dizel motorlarında tersinmezlikleri ve ikinci kanun verimini belirleyebilmek için bir termodinamik çevrim modeli geliştirmişlerdir. Geliştirilen çevrim modelini; standart, aşırı doldurmalı ve fakir karışımla ($\phi < 0.6$) çalışan üç farklı dizel motoru için düzenleyerek tersinmezlikleri ve ikinci kanun verimini belirlemişlerdir. Çalışma sonucunda, standart dizel motoruyla karşılaştırıldığında aşırı doldurmanın emme işlemi sırasında tersinmezlikleri artırdığı, fakir karışımla çalışma durumunda ise tersinmezliklerde değişim olmadığı belirlenmiştir. Yanma işlemi sırasında fakir karışımla çalışan motorun düşük seviyede tersinmezlik üretimi nedeniyle daha verimli olduğunu belirtilmiştir.

Rakopoulos ve Giakoumis [137] 1997'de, turboşarjlı, ön yanma odalı, 6 silindirli bir gemi dizel motoru için ekserji analizini uygulayarak deneysel ve modele dayalı bir çalışma gerçekleştirmişlerdir. Teorik çalışmada tek bölgeli bir termodinamik çevrim modeli geliştirmişler ve deneysel çalışmanın sonuçlarını modeli ampirik verilere ayarlamak için kullanmışlardır. Ekserji analizinde kompresör, türbin, emme ve egzoz sistemleri ve motor silindiri gibi motor elemanları ayrı ayrı incelenmiştir. Çalışmada motor yükü, devir sayısı ve sıkıştırma oranı gibi parametrelerin değişiminin ekserji ve tersinmezlikler üzerindeki etkileri incelenmiş, çalışma sonucunda tersinmezliklerin büyük ölçüde yanmadan kaynaklandığı, diğer tersinmezliklerin toplam tersinmezlikler içinde yaklaşık %20'lik bir paya sahip olduğu belirlenmiştir. Motor yükünün artmasıyla; egzoz gazları, türbin ve kompresör tersinmezliklerinin arttığı, emme işleminden ve mekanik sürtünmelerden kaynaklanan tersinmezliklerin ise azaldığı belirlenmiştir. Devir sayısının artışının, turboşarj sistemindeki ve mekanik sürtünmelerden kaynaklanan tersinmezlikleri artırmanın yanında toplam tersinmezlikleri de artırdığı, ancak ısı kayıplarını azalttığı belirlenmiştir. Son olarak sıkıştırma oranının yanma ve turboşarj sistemindeki tersinmezlikler üzerinde önemli etkileri olduğu ve ikinci kanun analizinin en uygun sıkıştırma oranının belirlenmesinde oldukça etkili olduğu belirtilmiştir.

Rakopoulos ve Giakoumis [138] 1997'de, turboşarjlı, ara soğutmalı, 6 silindirli ve ön yanma odalı bir dizel motoru için ekserji analizine dayalı bir çalışma yapmışlardır. Çalışmanın teorik kısmında gerekli hesaplamaların yapılabilmesi için tek bölgeli bir termodinamik model geliştirilmiş ve modelden elde edilen sonuçlar deneysel verilerle karşılaştırılmıştır. Ekserji analizinde kompresör, türbin ve silindir gibi motor elemanları için ayrı ayrı incelenmiş ve tam yük durumunda 1500 d/dk motor devrinde değerlendirme yapılmıştır. Çalışma sonucunda, yanmadan kaynaklanan tersinmezliklerin toplam tersinmezlikler içinde en büyük paya sahip olduğu, bununla birlikte kısılma, sürtünme ve karışım oluşumu işlemlerinden kaynaklanan tersinmezliklerin toplam tersinmezlikler içinde %19.8'lik bir paya sahip olduğu belirlenmiştir. Yakıt ekserjisinin %21.4'ünün egzoz gazları ile dışarı atıldığı, ancak egzoz gazları türbinden geçtikten sonra bu oranının %13.5'e düştüğü belirlenmiştir. Yanmadan kaynaklanan tersinmezliklerden dolayı yakıt ekserjisinin %21.9'luk kısmının harcandığı ve üretilen gerçek iş göz önüne alındığında ikinci kanun veriminin %40.31 olduğu belirlenmiştir.

Alasfour [139] 1997'de, tek silindirli, benzin püskürtmeli Hydra marka buji ateşlemeli bir motorda benzin ve %30 bütanol-benzin karışım yakıtları kullanarak ekserji analizine dayalı deneysel bir çalışma gerçekleştirmiştir. Çalışmada bütanol-benzin karışımlarının birinci ve ikinci kanun verimine etkilerini ekivalans oranının ϕ=0.8-1.2 aralığında incelenmiştir. Enerji analizi sonucuna göre; bütanol-benzin karışımı kullanıldığında ekivalans oranının ϕ=0.9 değeri için yakıt enerjisinin sadece %35.4'ü yararlı işe dönüştürülebilirken, ekserji analizi sonucunda yakıt enerjisinin %50.6'sının yararlı işe dönüştürüldüğü belirlenmiştir. Ayrıca normal benzinle karşılaştırıldığında %30 bütanol-benzin karışımı için ikinci kanun veriminde %7 oranında düşüş olduğu belirlenmiştir.

Anderson vd. [140] 1998'de, Miller çevrimine göre çalışan doğal emişli buji ateşlemeli bir motoru, geleneksel buji ateşlemeli motorla karşılaştırma amacıyla bir çalışma yapmışlardır. Çalışmada birinci ve ikinci kanun esaslarına dayalı sanki boyutlu bir çevrim modeli kullanılmıştır. Miller çevrimine göre çalışma durumunda, yük kontrolü emme supabının gecikmeli olarak kapanması ile sağlanmıştır. Birinci kanun analizi sonuçlarına göre Miller çevrimine göre çalışma sırasında kısmi yüklerde termik verimde %6.3 oranında artış olduğu görülmüştür. İkinci kanun analizine göre ise geleneksel buji ateşlemeli motorda gaz kelebeğindeki kısılma nedeniyle %3 oranında bir ekserji kaybı olduğu belirlenmiştir. Ekserji analizi açısından emme supabı kapanmasıyla yük kontrolünün, gaz kelebeğiyle yapılan yük kontrolüne göre daha avantajlı olduğu belirtilmiştir.

Caton [141] 1999'da, buji ateşlemeli bir motor için emme ve egzoz işlemlerini de kapsayan bir çevrim modeli kullanarak ikinci kanun analizine dayalı bir çalışma yapmıştır. Çalışmada çevrim boyunca entropi üretimi, tersinmezlikler ve ekserji değişimi hesaplanmış ve ısıyla, akışlarla ve işle transfer edilen ekserjiler belirlenerek sistemin net ekserjisi elde edilmiştir. Ayrıca yanma süresinin ve ateşleme avansının yanma sırasında ekserji değişimine etkisi incelenmiştir. Çalışma sonucunda, ateşleme avansının azaltılması yanma işleminden kaynaklanan ekserji kaybını az miktarda arttırdığı ve yanma süresinin uzamasının da yanma boyunca oluşan ekserji kaybını artırdığı belirlenmiştir. Isı transferinin harcanan yakıt ekserjisi içinde %38 gibi önemli bir paya sahip olduğu ortaya konulmuştur. Enerji analizine göre; yakıt enerjisinin %30.6'sının, ekserji analizi açısından ise yakıt ekserjisinin %29.7'sinin yararlı işe dönüştürülebildiği tespit edilmiştir. Ayrıca yakıt ekserjisinin %20.6'sının yanma işlemi sırasında, %1.3'ünün de karışım oluşumu sırasındaki tersinmezliklere harcandığı belirlenmiştir.

Köktürk [142] 1999'da, dört silindirli bir benzin motorunda ekserji analizine yönelik deneysel bir çalışma gerçekleştirmiştir. Deneylerde alınan ölçümler kullanılarak söz konusu motor için enerji ve ekserji analizi yapılmıştır. Bu çalışmada bir motorun optimum çalışma noktasının belirlenmesinde sadece enerji analizinin yeterli olmadığı, enerji analizinin ekserji analiziyle desteklenmesinin gerekli olduğu belirtilmiştir. Çalışma sonucunda sadece enerji analizi dikkate alındığında deneyde kullanılan motor için optimum çalışma devrinin 2040 d/dk olduğu, ekserji analizine göre değerlendirme yapıldığında ise optimum çalışma devrinin 2580 d/dk olduğu belirlenmiştir.

Caton [143] 2000'de, kapsamlı bir termodinamik çevrim modeli kullanarak buji ateşlemeli bir motor için ikinci yasa analizini uygulamıştır. Çalışmada V-8 tipi buji ateşlemeli bir motor kullanılmış, motor yükü ve devir sayısının enerji ve ekserji tabanlı motor performans büyülüklerine etkisi incelenmiştir. Bu çalışmada motor yükü parametresi olarak ortalama efektif basınç seçilerek, 163, 325 ve 655 kPa ortalama efektif basınç değerleri ve 700, 1400 ve 2800 d/dk devir sayıları için inceleme yapılmıştır. Ekserji analizi sonucunda ısı transferinden kaynaklanan ekserji kayıplarının artan devir sayısı ve artan motor yüküyle azaldığı ve yakıt ekserjisin %15.9-31.5'i aralığında değiştiği belirlenmiştir. Benzer şekilde egzoz gazlarına aktarılan ekserjinin de artan devir sayısı ve motor yüküyle arttığı ve yakıt ekserjisinin %21-28.1'i arasında değiştiği belirlenmiştir. Yanmadan kaynaklanan tersinmezliklerin ise %20.3-21.4 oranında yakıt ekserjisi kaybına neden olduğu ve bu kaybın artan devir sayısı ve motor yüküyle azaldığı belirlenmiştir. Ayrıca emme işlemi sırasında karışım oluşumunun da %0.9-2.3 oranında ekserji kaybına neden olduğu belirtilmiştir.

Rakopoulos ve Kyritsis [144] 2001'de, dört zamanlı bir dizel motoru için hem deneysel hem de teorik esaslı ikinci kanun analizine yönelik bir inceleme yapmışlardır. Çalışmada metan, metanol ve dizel yakıtı gibi farklı yakıtların kullanılması ekserji analizi açısından incelenmiştir. Deneysel çalışmada yüksek hızlı, hava soğutmalı, direkt püskürtmeli ve doğal emişli bir dizel motoru kullanılmıştır. Teorik çalışmada ise tek bölgeli bir model kullanılarak ekserji analizi yapılmıştır. Çalışma sonucunda en büyük ekserji kayıplarının yanmadaki tersinmezliklerden kaynaklandığı ve aynı ekivalans oranında metan veya metanol kullanıldığında dizel yakıtına göre yanmadan kaynaklanan tersinmezliklerin azaldığı belirlenmiştir. Bu durumun söz konusu yakıtların yanma karakteristiğinden kaynaklandığı ve küçük molekül yapısına sahip yakıtların karışım oluşumu sırasında daha az entropi ürettiği belirlenmiştir.

Caton [145] 2002'de, daha önce yapmış olduğu çalışmadaki çevrim modelini çok bölgeli yanma modelini kullanarak geliştirmiş ve V-8 tipi buji ateşlemeli bir motor için ikinci yasa analizine dayalı bir çalışma gerçekleştirmiştir. Çalışmada özellikle çok bölgeli yanma modelinin etkisinin incelenmesi amaçlanmıştır. Çok bölgeli yanma modelinin tek bölgeli yanma modeliyle karşılaştırıldığında yanma işlemi sırasında daha düşük entropi üretimi değerleri verdiği, bu durumun çok bölgeli yanma modelinin daha yüksek yanmış gaz bölgesi sıcaklıkları vermesinden kaynaklandığı belirtilmiştir. Yanma işlemi dışındaki süreçlerde çok ve tek bölgeli çevrim modellerinin hemen hemen aynı ekserji değerlerini verdiği belirlenmiştir.

Zhang [35] 2002'de doğalgazlı bir buji ateşlemeli motor için ikinci kanun analizine dayalı deneysel ve teorik içerikli bir çalışma yapmıştır. Deneysel çalışmada, 4.7 litre silindir hacmine sahip doğalgazlı Daimler Crhysler marka 8 silindirli bir motor kullanılarak gerçekleştirilmiştir. Deneysel çalışmadan elde edilen veriler çevrim modelinin kontrolünde kullanılmıştır. Çalışmada iki bölgeli bir termodinamik çevrim modeli kullanılmış ve modelde yanma işlemi kosinüs yanma bağıntısıyla modellenmiştir. Çevrim modeli kullanılarak gerçekleştirilen parametrik çalışmada ateşleme avansı, yanma süresi, ekivalans oranı, artık egzoz gazları oranı ve sıkıştırma oranı gibi parametrelerin çeşitli ekserji bileşenleri üzerindeki etkileri incelenmiştir. Ayrıca çalışmada doğalgaz ve metanol gibi yakıtlar ikinci yasa açısından değerlendirilmiştir. Çalışma sonucunda fakir karışımla ($\phi \cong 0.9$) çalışma durumunda ikinci kanun veriminin maksimum değere, motor performans parametresi olarak seçilen ortalama efektif basıncın ise $\phi=1.1$ civarında maksimum değere ulaştığı belirlenmiştir. Bu sonuca dayalı olarak doğalgazla çalışan buji ateşlemeli motorlardan daha iyi performans elde etmek için stokiometrik karışımdan ($\phi=1.0$) biraz zengin karışımların optimum karışım olduğunu ve üç yollu katalitik konvektör kullanılarak egzoz emisyonlarının da minimum düzeyde tutulabileceği belirtilmiştir.

Wright [146] 2004'te, ekserji analizinden yararlanarak ısı makinaları ile yakıt hücrelerini performans açısından karşılaştırmak amacıyla teorik bir çalışma gerçekleştirmiştir. Wright çalışmasında yakıt hücrelerinin performansının iddia edildiğinin aksine ısı makinalarındaki gibi Carnot ilkeleri ile sınırlı olduğunu, termodinamiğin ikinci kanunu ilkelerine dayalı olarak açıklamıştır. Çalışmada performans değerlendirme aracı olarak ikinci yasa verimi kullanılmış ve ekserji analizi açısından yakıt hücrelerinin de ısı makinaları ile aynı sınırlılıklara sahip olduğu belirtilmiştir.

Parlak vd. [147] 2005'te, ekserji analizinden yararlanarak biri standart ve diğeri yanma odası iç yüzeyi izole edilmiş turboşarjlı iki ayrı dizel motoru kullanarak deneysel bir çalışma gerçekleştirmiştir. Çalışma sonucunda; yanma odası yüzeyleri izole edilmiş dizel motorunda standart motora göre özgül yakıt tüketiminde %6, termik verimde ise %2 iyileşme sağlandığı belirlenmiştir. Yanma odası yüzeyi izole edilmiş olan motorun egzoz gazlarının kullanılabilir enerjisini %3-27 oranında arttırdığını ve egzoz gazları enerjisinin değerlendirilmesi için uygun ekipmanlar (ısı geri kazanım donanımları) kullanılabileceğini belirtmişlerdir. Böylece, kullanılan türbin vb. donanımlarla egzoz gazları enerjisinin %50'lik kısmının faydalı işe dönüştürülebildiğini ve bunun yakıt tüketimini önemli ölçüde azalttığını belirtmişlerdir.

Özcan ve Söylemez [148] 2005'te, LPG yakıtlı bir buji ateşlemeli motorda silindire su püskürtülmesinin etkilerini ekserji analizini kullanarak incelemiştir. Çalışmada hem teorik hem de deneysel inceleme yapılmıştır. Deneysel çalışmadan elde edilen sonuçlar geliştirilen modelde veri olarak kullanılmıştır. Çalışma sonucunda silindire su püskürtülmesinin maksimum yanma basıncını düşürdüğü ve yanmadan kaynaklanan tersinmezlikleri önemli ölçüde artırdığı belirlenmiştir. Ayrıca silindire su püskürtülmesinin ısı transferinden kaynaklanan ekserji kayıplarını azalttığı belirlenmiştir.

Kanoğlu vd. [149] 2005'te, fuel-oil ile çalışan yedi adet stasyoner dizel motorunun kullanıldığı 120 MW'lik bir güç santrali için enerji ve ekserji analizine dayalı bir çalışma gerçekleştirmişlerdir. Çalışmada güç santralinin performansı içten yanmalı motorların performans parametrelerine bağlı olarak değerlendirilmiş ve güç santralinin enerjetik verimi %47 ve ekserjetik verimi ise %44 olarak belirlenmiştir. Ayrıca içten yanmalı motordaki tersinmezliklerin büyük ölçüde yanmadan kaynaklandığı ve toplam ekserji içinde %32'lik, toplam tersinmezlikler içinde ise %57'lik bir paya sahip olduğu belirlenmiştir. Diğer tersinmezliklerin ise yakıt disülfürizasyonundan, kompresör ve yağ soğutma ünitelerinden kaynaklandığı belirtilmiştir.

Çanakçı ve Hosoz [150] 2006'da, turbo şarjlı 4 silindirli bir dizel motoru ile iki farklı türde biyodizel yakıtı, standart dizel yakıtı ve bunların karışımlarını kullanarak deneysel bir çalışma gerçekleştirmişlerdir. Çalışmada enerji ve ekserji analizi uygulanarak karşılaştırma yapılmıştır. Çalışma sonucunda biyodizel yakıtların standart dizel yakıtı ile yaklaşık aynı enerjetik performansa sahip olduğu ve biyodizel yakıtların ve yakıt karışımlarının benzer ekserjetik performans sergilediği belirlenmiştir. Ayrıca biyodizel yakıtların yakıt tüketimini az miktarda arttırdığı belirtilmiştir.

1.6. Tez Çalışmasının Amacı

Enerji ihtiyacının her geçen gün arttığı dünyamızda enerji kaynaklarının verimli kullanılabilmesi için daha yüksek verimle çalışan enerji dönüşüm sistemlerinin geliştirilmesi büyük önem taşımaktadır. Bilindiği gibi karayolu taşıtları yaygın olarak kullanılmaları nedeniyle mevcut enerji tüketimi içerisinde oldukça önemli bir paya sahiptirler. Dünya petrol üretiminin yaklaşık 1/3'ü motorlu karayolu taşıtlarında harcanmaktadır [151]. Bu nedenle içten yanmalı motorlarda yakıt tüketimini azaltmaya ve motor performansını iyileştirmeye yönelik çalışmalar akademik ve endüstriyel alanlarda yoğun bir biçimde sürdürülmektedir. Özellikle son yıllarda enerji sistemlerinin performansını iyileştirmeye ve verimini artırmaya yönelik çalışmalarda ekserji analizinin yaygın olarak kullanıldığı bilinmektedir. İçten yanmalı motorlarda yakıt enerjisinin oldukça büyük bir kısmı akış hareketleri, yanma, ısı transferi ve sürtünme gibi olaylar sırasında meydana gelen kayıplara harcanır. Ekserji analizi bu kayıpların ayrıntılı olarak incelenmesinde ve azaltılmasında oldukça kullanışlı bir araçtır. Ancak yukarıda verilen literatür araştırmasından görüleceği üzere içten yanmalı motorlar alanında ekserji analizinin uygulanmasına yönelik çalışmalar oldukça sınırlı sayıdadır. Diğer taraftan buji ateşlemeli motorlar için yapılan kapsamlı ekserji analizi çalışmalarında dahi ayrıntılı yanma modelleri kullanılmamış [35, 36] ve ayrıntılı yanma modellerinin kullanıldığı çalışmalarda az sayıda parametrenin etkisi incelenmiştir [135, 145]. Bu faktörler tez çalışmasının konusunun belirlenmesinde etkili olmuş ve buji ateşlemeli motor çevrimine ekserji analizinin uygulanması konu olarak seçilmiştir. Çalışmanın ayrıntıları ilerideki bölümlerde verilmiştir.

2. TEORİK ÇALIŞMA

Sunulan tez çalışmasında, buji ateşlemeli motorlarda buji konumu ve sıkıştırma oranı gibi yapısal özelliklerin ve ekivalans oranı, ateşleme avansı, devir sayısı ve artık egzoz gazları oranı gibi işletme özelliklerinin yanı sıra benzin, doğal gaz (metan), LPG (propan), metanol ve etanol gibi farklı yakıtların ekserji bileşenleri üzerindeki etkileri sayısal olarak incelenmiştir. Bu amaçla sıkıştırma, yanma, genişleme süreçlerini kapsayan ve Ferguson [38] tarafından sunulan termodinamik çevrim modeli ilk önce üzerinde bazı uyarlamalar yapılarak daha sonra sanki boyutlu model şekline dönüştürülerek kullanılmıştır. Her iki çevrim modeline termodinamiğin ikinci kanunu ile ilgili yaklaşımlar uygulanarak ekserji analizi gerçekleştirilmiştir. Bu bölümde kullanılan çevrim modelleri ve ekserji analizine ilişkin kapsamlı bilgiler verilmiştir.

2.1. Termodinamik Çevrim Modeli

Bu bölümde, termodinamik çevrim modelinde uygulanan varsayımlar, çevrim modelinde kullanılan alt modeller, modellerin kuruluşu, çevrim hesabı ve ekserji analizi hakkında kapsamlı bilgiler verilmiştir.

2.1.1. Termodinamik Çevrim Modelinde Uygulanan Varsayımlar

Bu çalışmada kullanılan termodinamik çevrim modelleri, bir kısmı veya tamamı sıralanan kaynaklarda [19, 22, 35, 38, 42, 48, 50, 60, 65–67, 71] da bulunan aşağıdaki varsayımlara dayalı olarak kurulmuştur:

1. Termodinamik sistem olarak motorun tek bir silindiri göz önüne alınmaktadır. Çevrim süresince silindir hacmi pistonun hareketiyle sürekli değişmektedir. Silindir içerisinde basınç dağılımının uniform olduğu ve basıncın sadece zamana bağlı olarak değiştiği varsayılmaktadır.
2. Sıkıştırma işlemi süresince silindir dolgusu, hava, yakıt buharı ve artık egzoz gazlarından oluşan ve reaktif olmayan homojen bir karışımdır. Bu nedenle sıkıştırma

sürecinde silindir dolgusu, silindirin her noktasında tek bir ortalama sıcaklıkla karakterize edilmektedir.

3. Çevrim modelinde iki bölgeli bir yanma modeli kullanılmıştır. Yanma süresince sistemin termodinamik durumu belirlenirken; silindir içerisinde her biri homojen sıcaklıkta ve yapıda olan yanmış ve yanmamış gaz bölgelerinin oluştuğu varsayılmaktadır. Böylece toplam silindir hacminin yanmış ve yanmamış gaz bölgelerinin hacimlerinin toplamına eşit olduğu kabul edilmiştir.
4. Yanma işleminin başlangıcında yanmış gazların sıcaklığının adyabatik alev sıcaklığına eşit olduğu varsayılmaktadır. Yanma işlemi süresince alevin yanma odası içerisinde küresel bir şekilde yayıldığı kabul edilmiştir. Anlık yanmış kütle miktarı Ferguson modelinde kosinüs yanma formülüyle, sanki boyutlu modelde ise türbülanslı alev yayılması yaklaşımı ile hesaplanmıştır.
5. Gaz karışımını oluşturan her bir gazın ideal gaz olduğu varsayılmaktadır. Emme, sıkıştırma ve yanma işlemleri süresince yanmamış gazların; hava, yakıt ve artık gazların reaktif olmayan bir karışımı olduğu düşünülmektedir. Yanmış gazların ise reaktif gazların kimyasal dengedeki bir karışımı olduğu varsayılmaktadır.
6. Silindirin duvar sıcaklığının sabit olduğu kabul edilmiştir.
7. Silindir duvarlarından olan ısı transferinin hesaplanmasında ısı transfer katsayısının sabit olduğu kabul edilmiştir.
8. Sıkıştırma, yanma ve genişleme işlemleri süresince silindir içindeki gazların toplam kütlesi değişmemektedir. Çevrim modelinde kütle kaybının olmadığı silindir içerisinde kütlenin sabit kaldığı kabul edilmiştir.

2.1.2. Termodinamik Çevrim Modelinde Kullanılan Alt Modeller

2.1.2.1. Yakıt-Hava-Artık Gaz Karışımının Yapısının Belirlenmesi

Buji ateşlemeli motorlarda emme işleminin sonunda silindir içerisinde yakıt, hava ve artık gazların karışımından oluşan ve reaktif olmayan bir karışım bulunmaktadır. Bu karışımın yapısının belirlenmesinde Ferguson [38] tarafından geliştirilen yaklaşım kullanılmıştır.

Kapalı formülü $C_cH_hO_{o_y}N_n$ şeklinde olan bir hidrokarbon yakıtın stokiometrik olarak yanması durumunda yanma ürünlerinin sadece su, karbondioksit ve azottan oluştuğu varsayılarak birim mol hava için aşağıdaki gibi bir reaksiyon yazılabilir.

$$\phi\varepsilon C_cH_hO_{o_y}N_n + (0.21O_2 + 0.79N_2) \rightarrow n_1CO_2 + n_2H_2O + n_3N_2 \qquad (2.1)$$

Burada; ε molar yakıt-hava oranını, $n_i\,(i = 1, 2, 3)$ ise ürünlerin bileşimini (mol sayılarını) göstermektedir. Ekivalans oranın $\phi = 1$ değeri için atom dengesinden yaralanılarak aşağıdaki denklemler yazılabilir.

Karbon için : $\varepsilon c = n_1$ (2.2)

Hidrojen için : $\varepsilon h = 2n_2$ (2.3)

Oksijen için : $\varepsilon o_y + 2(0.21) = 2n_1 + n_2$ (2.4)

Azot için : $\varepsilon n + 2(0.79) = 2n_3$ (2.5)

Bu dört denklemin düzenlenmesi sonucunda aşağıdaki ifadeler elde edilmektedir.

$$n_1 = 0.210c / O_{min} \qquad (2.6)$$

$$n_2 = 0.105h / O_{min} \qquad (2.7)$$

$$n_3 = 0.79 + 0.105n / O_{min} \qquad (2.8)$$

$$\varepsilon = \frac{0.210}{O_{min}} \qquad (2.9)$$

Burada, O_{min} [kmol O_2/kmol yakıt] 1 kmol yakıtın yanması için gerekli olan minimum (stokiometrik) oksijen miktarını gösterir ve aşağıdaki gibi hesaplanır.

$$O_{min} = \left(c + 0.25h - 0.5o_y\right) \tag{2.10}$$

Stokiometrik kütlesel yakıt-hava oranı ise aşağıda verilen bağıntı kullanılarak hesaplanmaktadır.

$$F_s = \frac{\varepsilon\left(12.011c + 1.008h + 15.999o_y + 14.01n\right)}{28.85} \tag{2.11}$$

(2.11) bağıntısı kullanılarak kapalı formülü C_7H_{17} olan benzin için $F_s = 0.06549$ [kmol yakıt/kmol hava] olur. Diğer yakıtlar için benzer yaklaşımla istenen değerler kolayca hesaplanabilir. Stokiometrik yakıt-hava karışımının molar ve kütlesel oranları sırasıyla aşağıdaki gibi belirlenmektedir.

$$y_s = \frac{\varepsilon}{1+\varepsilon} \qquad x_s = \frac{F_s}{1+F_s} \tag{2.12}$$

Yakıt-hava karışımı için ϕ ekivalans oranı; F gerçek yakıt-hava oranının, F_s stokiometrik yakıt-hava oranına bölünmesi ile aşağıdaki gibi elde edilmektedir.

$$\phi = F/F_s \tag{2.13}$$

Yakıt-hava karışımı; $\phi > 1$ için zengin karışım, $\phi < 1$ için fakir karışım ve $\phi = 1$ durumu için ise stokiometrik karışım olarak adlandırılır.

Düşük sıcaklıklarda (egzoz gibi) ve reaktanların C/O oranının birden küçük olması durumunda yanma denklemi aşağıdaki gibi yazılabilir:

$$\phi\varepsilon C_c H_h O_{o_y} N_n + \left(0.21O_2 + 0.79N_2\right) \rightarrow$$

$$n_1CO_2 + n_2H_2O + n_3N_2 + n_4O_2 + n_5CO + n_6H_2 \tag{2.14}$$

C/O oranının birden büyük olması durumunda yanma ürünlerine katı karbon parçacıkları ve diğer bazı ürünler de eklenebilir. Fakir ve zengin karışımlar için uygun yaklaşımlar aşağıdaki gibidir.

$\phi \leq 1$ için $n_5 = n_6 = 0$ ve $\phi > 1$ için $n_4 = 0$

Stokiometrik ve fakir karışım için ürünlerin mol oranlarının hesaplanmasında atom dengesi yeterli olmaktadır. Zengin karışım için ise bilinmeyen sayısı beşe çıktığından, çözüm için ek bir denkleme daha gereksinim vardır. Bu ek denklem su gazı denge reaksiyonundan elde edilmektedir. Su gazı denge reaksiyonu ve reaksiyon için denge katsayısı sırasıyla aşağıdaki gibi belirlenir.

$$CO_2 + H_2 \overset{T}{\rightleftarrows} CO + H_2O \qquad K_{WG} = \frac{n_2 n_5}{n_1 n_6} \tag{2.15}$$

K_{WG} denge sabiti, tablolardan veya JANAF tablolarına eğri uyumlanması ile elde edilmiş olan (2.16) ifadesi gibi bağıntılardan belirlenebilir.

$$\ln K_{WG} = 2.743 - 1.761/t - 1.611/t^2 + 0.283/t^3 \tag{2.16}$$

Burada; $t = T/1000$ ve T [K] şeklindedir. Böylece zengin ve fakir karışım için elde edilen çözümler Tablo 1'de verilmiştir.

Zengin karışım için kabonmonoksitin (CO) mol sayısı (n_5) aşağıdaki gibi ikinci dereceden bir denklemin çözümüyle elde edilmektedir.

$$n_5 = \frac{-b + \sqrt{b^2 - 4ac}}{2a} \tag{2.17}$$

Burada

$a = 1 - K_{WG}$

$b = 0.42 - \phi\varepsilon(2c - o_y) + K_{WG}\left[0.42(\phi - 1) + c\phi\varepsilon\right]$

$c = -0.42c\phi\varepsilon(\phi - 1)K_{WG}$

şeklinde belirlenmektedir. Mol sayıları yukarıdaki gibi belirlendikten sonra mol oranları da kolayca hesaplanabilir.

Tablo1. Düşük sıcaklıktaki yanma ürünleri, n_i [mol/mol hava]

i	Ürünler	$\phi \le 1$	$\phi > 1$
1	CO_2	$c\phi\varepsilon$	$c\phi\varepsilon - n_5$
2	H_2O	$h\phi\varepsilon / 2$	$0.42 - \phi\varepsilon\left(2c - o_y\right) + n_5$
3	N_2	$0.79 + n\phi\varepsilon / 2$	$0.79 + n\phi\varepsilon / 2$
4	O_2	$0.21(1-\phi)$	0
5	CO	0	n_5
6	H_2	0	$0.42(\phi - 1) - n_5$

2.1.2.2. Yüksek Sıcaklıktaki Yanma Ürünlerinin Yapısının Belirlenmesi

Yüksek sıcaklıktaki yanma ürünleri içerisinde, Bölüm 2.1.2.1'de verilen maddelere ek olarak O, H, OH ve NO gibi parçalanma reaksiyonu ürünleri de bulunmaktadır [38, 65, 66]. Bu durumda yanma denklemi

$$\phi\varepsilon C_c H_h O_{o_y} N_n + \left(0.21O_2 + 0.79N_2\right) \rightarrow n_1CO_2 + n_2H_2O + n_3N_2$$

$$+ n_4O_2 + n_5CO + n_6H_2 + n_7H + n_8O + n_9OH + n_{10}NO \qquad (2.18)$$

şeklinde yazılabilir.

Yanma ürünlerinin mol sayılarının belirlenmesinde kullanılacak olan dört denklem atom dengesinden yararlanılarak aşağıdaki gibi yazılabilir.

Karbon için : $\varepsilon\phi c = \left(y_1 + y_5\right) n_T$ (2.19)

Hidrojen için : $\varepsilon\phi h = \left(2y_2 + 2y_6 + y_7 + y_9\right) n_T$ (2.20)

Oksijen için : $\varepsilon\phi o_y = \left(2y_1 + y_2 + 2y_4 + y_5 + y_8 + y_9 + y_{10}\right) n_T$ (2.21)

Azot için : $\varepsilon\phi n = \left(2y_3 + y_{10}\right) n_T - 1.58$ (2.22)

Yukarıda n_T ürünlerin toplam mol sayısı olup

$$n_T = \sum n_i \; ; \quad (i = 1, 2, ..., 10) \tag{2.23}$$

şeklinde belirlenir. y_i (i=1, 2, …, 10) ise yanma ürünlerinin mol oranlarını göstermektedir. Böylece toplam mol oranı için aşağıdaki denklem yazılabilir:

$$\sum y_i - 1 = 0 \tag{2.24}$$

Toplam mol sayısının ve mol oranlarının belirlenmesi için bu aşamaya kadar yazılmış olan beş adet denkleme ek olarak parçalanma reaksiyonlarından altı denklem daha yazılması gerekir. Bu denklemler sırasıyla

$$\frac{1}{2}H_2 \rightleftarrows H \qquad K_1 = \frac{y_7\, p^{0.5}}{y_6^{0.5}} \tag{2.25}$$

$$\frac{1}{2}O_2 \rightleftarrows O \qquad K_2 = \frac{y_8\, p^{0.5}}{y_4^{0.5}} \tag{2.26}$$

$$\frac{1}{2}H_2 + \frac{1}{2}O_2 \rightleftarrows OH \qquad K_3 = \frac{y_9}{y_4^{0.5}\, y_6^{0.5}} \tag{2.27}$$

$$\frac{1}{2}O_2 + \frac{1}{2}N_2 \rightleftarrows NO \qquad K_4 = \frac{y_{10}}{y_4^{0.5}\, y_3^{0.5}} \tag{2.28}$$

$$H_2 + \frac{1}{2}O_2 \rightleftarrows H_2O \qquad K_5 = \frac{y_2}{y_4^{0.5}\, y_6\, p^{0.5}} \tag{2.29}$$

$$CO + \frac{1}{2}O_2 \rightleftarrows CO_2 \qquad K_6 = \frac{y_1}{y_4^{0.5}\, y_5\, p^{0.5}} \tag{2.30}$$

şeklinde yazılabilir.

K_i (i=1, 2, …., 6) denge katsayıları literatürde sıcaklığa bağlı olarak tablo şeklinde verilmektedir [1, 38, 48].

Yukarıda verilen (2.19)–(2.23) ve (2.25)–(2.30) denklemlerinden oluşan toplam 11 tane doğrusal olmayan denklem takımı yeniden düzenlenerek; dört bilinmeyenli dört tane doğrusal olmayan yeni bir denklem sistemi elde edilmektedir. Bu denklem takımı Ferguson [38] tarafından verilmiş olan yöntemle çözülerek yanma ürünlerinin mol oranları belirlenebilmektedir.

2.1.2.3. Kütlesel Yanma Oranının Belirlenmesi

Kütlesel yanma oranı, yanma işlemi sırasında yanma ürünü gazların (yanmış gazlar) m_b kütlesinin, silindirde bulunan karışımın m_{top} toplam kütlesine oranı şeklinde tanımlanmaktadır. Bu durumda yanma sürecinde istenen termodinamik büyüklüklerin hesaplanabilmesi için kütlesel yanma oranının krank açısına bağlı olarak hesaplanması gerekmektedir.

Tez çalışmasında kullanılan Ferguson modelinde kütlesel yanma oranı daha önce de verilmiş olan aşağıdaki kosinüs yanma bağıntısı kullanılarak hesaplanmıştır.

$$x_b = \frac{m_b}{m_{top}} = \frac{1}{2}\left\{1 - \mathrm{Cos}\left[\frac{\pi\,(\theta - \theta_s)}{\Delta\theta_b}\right]\right\} \qquad (2.31)$$

Kütlesel yanma oranının krank açısıyla değişimi ise aşağıdaki gibi belirlenmiştir.

$$\frac{dx_b}{d\theta} = \frac{1}{2}\frac{\pi}{\Delta\theta_b}\,\mathrm{Sin}\left(\frac{\pi\,(\theta - \theta_s)}{\Delta\theta_b}\right) \qquad (2.32)$$

Sanki boyutlu çevrim modelinde ise kütlesel yanma oranı, ilk olarak Blizard ve Keck tarafından sunulan [82] daha sonra Keck [83], Beratta vd. [87] ve Bayraktar [48] tarafından geliştirilen ve birçok araştırmacı tarafından da kullanılmış olan [48, 84–86] aşağıda verilen türbülanslı alev yayılması yaklaşımı bağıntıları kullanılarak belirlenmiştir.

$$\frac{dm_e}{dt} = \rho_u A_f U_e \tag{2.33}$$

$$\frac{dm_b}{dt} = \frac{m_e - m_b}{\tau_b} \tag{2.34}$$

$$\tau_b = \frac{l_T}{S_L} \tag{2.35}$$

Yukarıda verilen bağıntılarda kütlesel yanma oranı, m_e alev cephesi içine çekilen kütle ve m_b yanmış kütle miktarları hesaplandıktan sonra kolayca hesaplanabilir. Bu bölümde verilen bağıntılarda bulunan büyüklülüklerin hesaplanmasına ilişkin kapsamlı bilgiler bölüm 2.1.4.3'te verilmiştir.

2.1.2.4. Alev Cephesi Geometrik Özelliklerinin Belirlenmesi

Çevrim modellerinde ısı transferinin gerçekçi olarak hesaplanabilmesi için yanma işlemi sırasında yanmış ve yanmamış gazların temas ettiği silindir iç yüzey alanlarının uygun yaklaşımla hesaplanması gerekmektedir. Ferguson modelinde yanmış ve yanmamış bölgeler için ısı transferi yüzey alanları Ferguson [38] tarafından verilmiş olan yarı ampirik bağıntılar kullanılarak hesaplanmıştır. Söz konusu bağıntılar çevrim hesabında verilmiştir.

Sanki boyutlu modelde ise Blizard ve Keck [82] tarafından geliştirilen ve Bilgin [152] tarafından üzerinde uyarlamalar yapılan yöntem kullanılarak A_f alev cephesi serbest yüzey alanı, V_f alev cephesi tarafından sınırlanan hacim ve A_{top} yanmış gazların temas ettiği toplam silindir iç yüzey alanı gibi geometrik büyüklükler aşağıda verilen bağıntılardan hesaplanmıştır. Şekil 11'de görüldüğü gibi yanma işlemi sırasında alev cephesi en genel halde silindir kafası (sk), silindir duvarları (sd) ve piston tablası (pt) ile temas halindedir. Bu durumda alev cephesi ile ilgili aşağıdaki geometrik bağıntılar yazılabilir [65, 82, 83, 152].

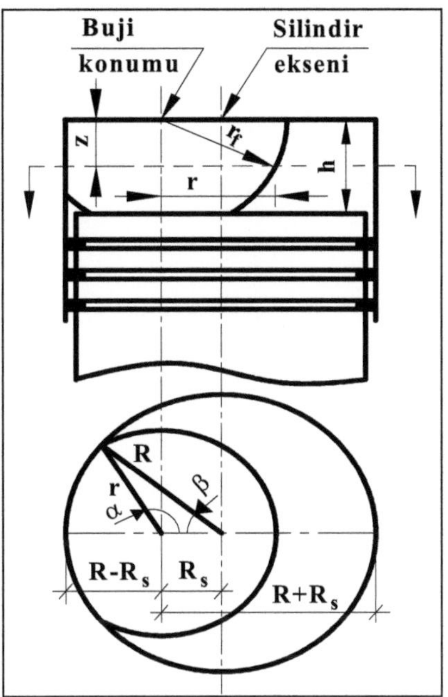

Şekil 11. Sanki boyutlu model için alev cephesi geometrisi [82, 152].

Alev cephesi serbest yüzey alanı ve alev cephesi tarafından sınırlanan hacim için

$$A_f = 2r_f \int_{z=0}^{z=h} \alpha(z)\,dz \tag{2.36}$$

$$V_f = 2r_f \int_{z=0}^{z=h} \left[\alpha(z)\,r^2(z) + \beta(z)R^2 - X_s R\sin\beta(z)\right]dz \tag{2.37}$$

bağıntıları verilmektedir [65, 81, 82, 147]. Burada $X_S = R/R_S$ bujinin silinidir ekseninden boyutsuz uzaklığıdır.

Yukarıdaki bağıntılarda yer alan α ve β açıları ile r(z) yarıçapı aşağıdaki bağıntılardan belirlenir.

$$\text{Cos}\alpha = \left(X_s^2 + r^2(z) - R^2\right) / \left[2X_s r(z)\right] \quad (2.38)$$

$$\text{Cos}\beta = \left(X_s^2 + r^2(z) - R^2\right) / \left[2X_s r(z)\right] \quad (2.39)$$

$$r^2(z) = r_f^2 - z^2 \quad (2.40)$$

Alev cephesinin temas ettiği toplam silinidir iç yüzey alanı ise aşağıdaki gibi belirlenmektedir [65, 82, 83, 153].

$$A_{top} = A_{sk} + A_{sd} + A_{pt} \quad (2.41)$$

$$A_{sk} = \alpha(0)r^2(0) + \beta(0)R^2 - X_s R\sin\beta(0) \quad (2.42)$$

$$A_{sd} = 2\int_{z=0}^{z=h} R\beta(z)\,dz \quad (2.43)$$

$$A_{pt} = \alpha(h)r^2(h) + \beta(h)R^2 - X_s R\sin\beta(h) \quad (2.44)$$

Yukarıda verilen (2.36)–(2.44) bağıntılarının, sayısal integrasyonu ile anlık alev cephesi geometrisi krank açısına bağlı olarak belirlenmektedir.

2.1.2.5. Isı Transferinin Hesaplanması

Çevrim modelinde, silindir duvarlarından olan ısı transferi Newton soğuma kanununa göre aşağıdaki bağıntıdan hesaplanmıştır [35, 38, 48, 65, 66].

$$Q = h_g A(T_g - T_w) \quad (2.45)$$

Isı transferi hesabında, ısı transfer katsayısı ve duvar sıcaklığı için Ferguson tarafından önerilen h=500 W/m^2K ve T_w=420 K değerleri kullanılmıştır [38]. Yanmış ve yanmamış gaz bölgelerinin temas ettiği yüzey alanları Bölüm 2.1.2.4'de belirtildiği gibi hesaplanmıştır.

2.1.3. Termodinamik Çevrim Modelinin Kurulması

Termodinamik çevrim modeli, termodinamiğin birinci kanununun kapalı sisteme uygulanması sonucunda, hesaplanması istenen büyüklükler için gerekli diferansiyel denklemlerin elde edilmesiyle kurulmuştur. Daha sonra bu diferansiyel denklemler sayısal bir yöntemle çözülerek çevrimle ilgili büyüklükler hesaplanmıştır.

İlk olarak silindirin içinde bulunan kütlenin tamamını kapsayan kontrol hacmi için enerjinin korunumu denklemi aşağıdaki gibi yazılabilir [35, 38, 48, 65, 66].

$$m\frac{du}{d\theta}+u\frac{dm}{d\theta}=\frac{dQ}{d\theta}-p\frac{dV}{d\theta} \tag{2.46}$$

Burada; m kütle, p basınç, $\frac{du}{d\theta}$ iç enerjinin krank açısına göre türevi, $\frac{dm}{d\theta}$ kütlenin krank açısına göre türevi, $\frac{dQ}{d\theta}$ ısı kayıplarının krank açısına göre türevi, $\frac{dV}{d\theta}$ silindir hacminin krank açısına göre türevidir.

Yukarıda verilen (2.46) eşitliğinde sistemin özgül iç enerjisi

$$u=\frac{U}{m}=x_b u_b+(1-x_b)u_u \tag{2.47}$$

toplamı şeklinde alınabilir. Burada; u_b, T_b sıcaklığındaki yanmış gazların özgül iç enerjisini, u_u ise T_u sıcaklığındaki yanmamış gazların özgül iç enerjisini ve x_b kütlesel yanma oranını göstermektedir.

İç enerji için yazılan (2.47) eşitliğine benzer şekilde sistemin özgül hacmi için de aşağıdaki bağıntı yazılabilir:

$$v=\frac{V}{m}=x_b v_b+(1-x_b)v_u \tag{2.48}$$

İç enerji ve özgül hacim için verilen bu ilişkiler basınç, yanmış ve yanmamış gaz sıcaklıkları, işin ve ısı kayıplarının krank açısına göre değişimlerini gösteren adi diferansiyel denklem takımının elde edilmesinde kullanılmaktadır. Elde edilen denklem takımının, sıkıştırma başlangıcından genişleme sonuna kadar eş zamanlı sayısal çözümü ile istenen motor performans parametreleri belirlenebilmektedir.

Öte yandan, v_b yanmış gazların özgül hacmi ile T_b yanmış gazların sıcaklığı ve p silindir basıncı arasında

$$v_b = v_b(T_b, p) \tag{2.49}$$

şeklinde bir fonksiyonel ilişki bulunduğu varsayılabilir. Bu ifadenin krank açısına göre türevi alınırsa

$$\frac{dv_b}{d\theta} = \frac{\partial v_b}{\partial T_b}\frac{dT_b}{d\theta} + \frac{\partial v_b}{\partial p}\frac{dp}{d\theta} \tag{2.50}$$

bağıntısı elde edilir. Benzer şekilde

$$\frac{dv_u}{d\theta} = \frac{\partial v_u}{\partial T_u}\frac{dT_u}{d\theta} + \frac{\partial v_u}{\partial p}\frac{dp}{d\theta} \tag{2.51}$$

ifadesi de yazılabilir.

Yukarıda verilen (2.50) ve (2.51) ifadelerinde kısmı türevlerin yerine logaritmik türevler yazılarak [35, 38, 65]

$$\frac{dv_b}{d\theta} = \frac{v_b}{T_b}\frac{\partial \ln v_b}{\partial \ln T_b}\frac{dT_b}{d\theta} + \frac{v_b}{p}\frac{\partial \ln v_b}{\partial \ln p}\frac{dp}{d\theta} \tag{2.52}$$

$$\frac{dv_u}{d\theta} = \frac{v_u}{T_u}\frac{\partial \ln v_u}{\partial \ln T_u}\frac{dT_u}{d\theta} + \frac{v_u}{p}\frac{\partial \ln v_u}{\partial \ln p}\frac{dp}{d\theta} \tag{2.53}$$

ifadeleri elde edilir.

Özgül hacim için (2.49)'da yazılmış olan fonksiyonel ilişki iç enerji için de benzer şekilde aşağıdaki gibi yazılabilir.

$$u_b = u_b(T_b, p) \tag{2.54}$$

Yukarıdaki (2.54) ifadesinin krank açısına göre türevi alınırsa

$$\frac{du_b}{d\theta} = \frac{\partial u_b}{\partial T_b}\frac{dT_b}{d\theta} + \frac{\partial u_b}{\partial p}\frac{dp}{d\theta} \tag{2.55}$$

bağıntısı elde edilir.

En son verilen (2.55) denkleminde de kısmi türevlerin yerine logaritmik türevler yazıldığında [35, 38, 65]

$$\frac{du_b}{d\theta} = \left(C_{p_b} - \frac{pv_b}{T_b}\frac{\partial \ln v_b}{\partial \ln T_b}\right)\frac{dT_b}{d\theta} - v_b\left(\frac{\partial \ln v_b}{\partial \ln T_b} + \frac{\partial \ln v_b}{\partial \ln p}\right)\frac{dp}{d\theta} \tag{2.56}$$

elde edilir.

Benzer şekilde yanmamış gazlar için de;

$$\frac{du_u}{d\theta} = \left(C_{p_u} - \frac{pv_u}{T_u}\frac{\partial \ln v_u}{\partial \ln T_u}\right)\frac{dT_u}{d\theta} - v_u\left(\frac{\partial \ln v_u}{\partial \ln T_u} + \frac{\partial \ln v_u}{\partial \ln p}\right)\frac{dp}{d\theta} \tag{2.57}$$

yazılabilir. Burada yanmış gazlar ile yanmamış gazların basınçlarının eşit olduğu kabul edilmiştir.

Bu aşamadan sonra (2.46) denkleminde yer alan her bir terim ayrı ayrı incelenmektedir. (2.47) denkleminden yararlanılarak eşitliğin sol tarafındaki ilk terim aşağıdaki gibi yazılabilir [38, 65].

$$m\frac{du}{d\theta} = m\left[x_b\frac{du_b}{d\theta} + (1 - x_b)\frac{du_u}{d\theta} + (u_b - u_u)\frac{dx_b}{d\theta}\right] \tag{2.58}$$

(2.56) ve (2.57) ifadeleri (2.58)'de yerlerine yazılırsa;

$$m\frac{du}{d\theta} = mx_b\left(C_{p_b} - \frac{pv_b}{T_b}\frac{\partial lnv_b}{\partial lnT_b}\right)\frac{dT_b}{d\theta} + m(1-x_b)\left(C_{p_u} - \frac{pv_u}{T_u}\frac{\partial lnv_u}{\partial lnT_u}\right)\frac{dT_u}{d\theta} -$$

$$\left[mx_bv_b\left(\frac{\partial lnv_b}{\partial lnT_b} + \frac{\partial lnv_b}{\partial lnP}\right) + m(1-x_b)v_u\left(\frac{\partial lnv_u}{\partial lnT_u} + \frac{\partial lnv_u}{\partial lnp}\right)\right]\frac{dp}{d\theta} + m(u_b - u_u)\frac{dx}{d\theta} \quad (2.59)$$

elde edilir.

Enerjinin korunumunu ifade eden (2.46) denkleminin sağ tarafında bulunan ısı transfer terimi, ısı kaybı şeklinde göz önüne alınarak ve toplam ısı kaybının yanmış ve yanmamış gaz bölgelerinden olan kayıplardan oluştuğu varsayılarak

$$\frac{dQ}{d\theta} = \frac{-\dot{Q}}{\omega} = \frac{-\dot{Q}_b - \dot{Q}_u}{\omega} \quad (2.60)$$

şeklinde hesaplanmaktadır.

Isı kayıplarının sıcaklıklar cinsinden ifade edilebilmesi için bir ısı transfer katsayısının tanımlanması gerekmektedir. Bu durumda ısı transferi için

$$\dot{Q}_b = h_g A_b (T_b - T_w) \quad (2.61)$$

$$\dot{Q}_u = h_g A_u (T_u - T_w) \quad (2.62)$$

bağıntıları yazılabilir [38, 65]. Burada; h_g ısı transfer katsayısı, A_b yanmış gazların temas ettiği silindir iç yüzey alanı, A_u yanmamış gazların temas ettiği silindir iç yüzey alanı, T_b yanmış gazların sıcaklığı, T_u yanmamış gazların sıcaklığı, T_w silindirin duvar sıcaklığıdır.

A_b ve A_u yanmış ve yanmamış gazların temas ettiği yüzey alanları Ferguson modelinde aşağıda verilen basitleştirilmiş bağıntılar kullanılarak hesaplanmıştır [38, 65].

$$A_b = \left(\frac{\pi D^2}{2} + \frac{4V}{D}\right)(x_b)^{\frac{1}{2}} \quad (2.63)$$

$$A_u = \left(\frac{\pi D^2}{2} + \frac{4V}{D} \right) (1 - x_b)^{\frac{1}{2}} \tag{2.64}$$

Sanki boyutlu modelde ise A_b ve A_u alanları küresel alev cephesi yaklaşımına göre hesap yapan geometrik alt modelden hesaplanmıştır.

Yukarıda verilen (2.63) ve (2.64) ifadelerinde yer alan anlık silindir hacminin belirlenmesinde ise

$$V(\theta) = V_c \left\{ 1 + \frac{\varepsilon - 1}{2} \left[1 - \cos\theta + \frac{1}{r_L} \left[1 - \left(1 - r_L^2 \sin^2\theta \right)^{0.5} \right] \right] \right\} \tag{2.65}$$

bağıntısı kullanılmıştır [35, 38, 65, 66]. Burada; V silindirin anlık hacmi, V_c ölü hacim, θ krank açısı, ε sıkıştırma oranı, $r_L = S/2L_b$ şeklinde krank dairesi yarıçapının biyel kolu uzunluğuna oranı olup $S=2R_c$'dir.

(2.46) eşitliğindeki W iş terimi için ayrıntılı bir açıklanmaya gerek bulunmamaktadır. Modelle ilgili daha ayrıntılı bilgi [38]'de verilmektedir. Buraya kadar (2.46) eşitliğindeki bütün terimler ayrıntılı olarak incelenmiştir. Bu inceleme sonucunda (2.46) eşitliğinde yer alan türev ve terimleri aşağıdaki gibi sıralanabilir.

Türevler: $\frac{dp}{d\theta}, \frac{dT_b}{d\theta}, \frac{dT_u}{d\theta}, \frac{dV}{d\theta}, \frac{dx_b}{d\theta}$

Termodinamik özellikleri gösteren terimler: m, V, p, m, x_b, T_b, T_u, u_b, u_u, v_b, v_u

$h_b, h_u, C_{p_b}, C_{p_u}, \frac{\partial \ln v_b}{\partial \ln T_b}, \frac{\partial \ln v_u}{\partial \ln T_u}, \frac{\partial \ln v_b}{\partial \ln P}, \frac{\partial \ln v_u}{\partial \ln P}$

Motor tipi ve çalışma koşullarına göre değişen sabitler: h_g, D, S, L_b, ε, ω

Bu aşamaya kadar yapılan işlemler incelendiğinde (2.46) numaralı enerji denklemi kapalı formda

$$f\left(\theta, \frac{dp}{d\theta}, \frac{dT_b}{d\theta}, \frac{dT_u}{d\theta}, p, T_b, T_u \right) = 0 \tag{2.66}$$

şeklinde yazılabilir.

En son yazılan (2.66) denkleminin sayısal bir yöntemle çözülebilmesi için uygun şekilde düzenlenmesi gerekir. Bu düzenlemeler sonunda aşağıdaki gibi üç adet diferansiyel denklem elde edilir.

$$\frac{dp}{d\theta} = f_1(\theta, p, T_b, T_u) \tag{2.67}$$

$$\frac{dT_b}{d\theta} = f_2(\theta, p, T_b, T_u) \tag{2.68}$$

$$\frac{dT_u}{d\theta} = f_3(\theta, p, T_b, T_u) \tag{2.69}$$

Ayrıca silinidir içerisinde gazlar tarafından yapılan iş ve ısı kayıpları için

$$\frac{dW}{d\theta} = f_4(\theta, p) \tag{2.70}$$

$$\frac{dQ_L}{d\theta} = f_5(\theta, p, T_b, T_u) \tag{2.71}$$

diferansiyel denklemleri yazılabilir.

Yukarıda verilen (2.67), (2.68), (2.69) denklemlerinin çözülebilmesi için (2.46) denkleminden başka iki tane daha denkleme gereksinim vardır. Bu denklemlerden ilki (2.48) ifadesinin krank açısına göre türevi alınarak

$$\frac{1}{m}\frac{dV}{d\theta} = x_b \frac{dv_b}{d\theta} + (1 - x_b)\frac{dv_u}{d\theta} + (v_b - v_u)\frac{dx_b}{d\theta} \tag{2.72}$$

şeklinde elde edilir.

En son verilen (2.72) bağıntısında (2.50) ve (2.51) yerlerine yazılırsa

$$\frac{1}{m}\frac{dV}{d\theta}=x_b\frac{v_b}{T_b}\frac{\partial \ln v_b}{\partial \ln T_b}\frac{dT_b}{d\theta}+\left(1-x_b\right)\frac{v_u}{T_u}\frac{\partial \ln v_u}{\partial \ln T_u}\frac{dT_u}{d\theta}+$$

$$\left[x_b\frac{v_b}{p}\frac{\partial \ln v_b}{\partial \ln p}+\left(1-x_b\right)\frac{v_u}{p}\frac{\partial \ln v_u}{\partial \ln p}\right]\frac{dp}{d\theta}+\left(v_b-v_u\right)\frac{dx_b}{d\theta} \tag{2.73}$$

denklemi elde edilir.

Çözüm için gerekli olan diğer denklem ise yanmış gazların entropi analizi ile belirlenmektedir. Yanmamış gaz bölgesi için entropi dengesi göz önünde bulundurularak

$$-\dot{Q}_u=\omega m\left(1-x_b\right)T_u\frac{ds_u}{d\theta} \tag{2.74}$$

eşitliği yazılabilir. Bu eşitliğin kullanılabilmesi için sıcaklığa ve basınca bağlı olarak yazılması gerekmektedir. Başka bir ifadeyle

$$s_u=s_u\left(T_u,p\right) \tag{2.75}$$

şeklinde olmalıdır. Gerekli düzenlemelerin yapılması durumunda

$$\frac{ds_u}{d\theta}=\left(\frac{\partial s_u}{\partial T_u}\right)\frac{dT_u}{d\theta}+\left(\frac{\partial s_u}{\partial p}\right)\frac{dp}{d\theta} \tag{2.76}$$

$$\frac{ds_u}{d\theta}=\left(\frac{C_{p_u}}{T_u}\right)\frac{dT_u}{d\theta}-\frac{v_u}{T_u}\frac{\partial \ln v_u}{\partial \ln T_u}\frac{dp}{d\theta} \tag{2.77}$$

elde edilir. Yukarıda verilmiş olan (2.74) denkleminden $\frac{ds_u}{d\theta}$ terimi çekilip (2.77) denkleminde yerine yazılırsa

$$C_{p_u}\frac{dT_u}{d\theta}-\frac{v_u}{T_u}\frac{\partial \ln v_u}{\partial \ln T_u}\frac{dp}{d\theta}=\frac{-h_g A_u\left(T_u-T_d\right)}{\omega m\left(1-x_b\right)} \tag{2.78}$$

denklemi elde edilir.

Daha önce elde edilmiş olan (2.46), (2.73) ve en son elde edilen (2.78) denklemleri, (2.67)'den (2.69)'a kadar olan denklemlerin türetilmesinde kullanılmaktadır. Gerekli düzenlemelerin yapılması sonunda (2.67)–(2.71) arasındaki denklemler için aşağıdaki gibi beş tane adi diferansiyel denklemden oluşan denklem takımı elde edilmektedir. Yazım kolaylığı sağlanmak açısından aşağıdaki kısaltmaların yapılması uygun olmaktadır.

$$A=\frac{1}{m}\frac{dV}{d\theta} \tag{2.79}$$

$$B=\frac{h_g}{\omega m}\left[\frac{v_b}{C_{p_b}}\frac{\partial \ln v_b}{\partial \ln T_b}\left(1-\frac{T_d}{T_b}\right)A_b+\frac{v_u}{C_{p_u}}\frac{\partial \ln v_u}{\partial \ln T_u}\left(1-\frac{T_d}{T_u}\right)A_u\right] \tag{2.80}$$

$$C=-\frac{dx_b}{d\theta}\left[\left(v_b-v_u\right)+v_b\frac{\partial \ln v_b}{\partial \ln T_b}\frac{h_b-h_u}{C_{p_b}T_b}\right] \tag{2.81}$$

$$D=x_b\left[\frac{v_b^2}{C_{p_b}T_b}\left(\frac{\partial \ln v_b}{\partial \ln T_b}\right)^2+\frac{v_b}{p}\frac{\partial \ln v_b}{\partial \ln p}\right] \tag{2.82}$$

$$E=\left(1-x_b\right)\left[\frac{v_u^2}{C_{p_u}T_u}\left(\frac{\partial \ln v_u}{\partial \ln T_u}\right)^2+\frac{v_u}{p}\frac{\partial \ln v_u}{\partial \ln p}\right] \tag{2.83}$$

Bu aşamadan sonra integre edilecek beş adet denklem aşağıdaki gibi yazılabilir.

$$\frac{dp}{d\theta}=\frac{A+B+C}{D+E} \tag{2.84}$$

$$\frac{dT_b}{d\theta}=\frac{-h_gA_b\left(T_b-T_d\right)}{\omega mC_{p_b}x_b}+\frac{v_b}{C_{p_b}}\frac{\partial \ln v_b}{\partial \ln T_b}\frac{dp}{d\theta}+\frac{h_u-h_b}{x_bC_{p_b}}\frac{dx_b}{d\theta} \tag{2.85}$$

$$\frac{dT_u}{d\theta}=\frac{-h_gA_u\left(T_u-T_d\right)}{\omega mC_{p_u}\left(1\text{-}x_b\right)}+\frac{v_u}{C_{p_u}}\frac{\partial \ln v_u}{\partial \ln T_u}\frac{dp}{d\theta} \tag{2.86}$$

$$\frac{dW}{d\theta}=p\frac{dV}{d\theta} \tag{2.87}$$

$$\frac{dQ}{d\theta}=\frac{h_g}{\omega}\left[A_b\left(T_b-T_d\right)+A_u\left(T_u-T_d\right)\right] \tag{2.88}$$

2.1.4. Çevrim Hesabı

Yukarıda elde edilen adi diferansiyel denklem takımının sıkıştırma, yanma ve genişleme süreçleri için uygun şekilde düzenlenerek çözülmesi sonucunda krank açısına bağlı olarak basınç, sıcaklık, iş ve ısı kayıpları hesaplanmaktadır. Çevrim hesabı tamamlandıktan sonra ise motor performans karakteristikleri kolayca belirlenebilmektedir.

2.1.4.1. Emme İşlemi

Motorlarda emme işlemi karmaşık bir yapıya sahiptir ve detaylı hesap gerektirmektedir. Yapılan çalışmada emme işlemi özelliklerinin hesaplanması için Durgun [153, 154], Bayraktar [48] ve Bayraktar ve Durgun [155] tarafından verilen yöntem kullanılmıştır. Bu yöntemde özel olarak belirtilmediği sürece dış ortam koşulları $p_0=0.1014$ [MPa] ve $T_0=293$ [K] olarak alınabilir.

Aşırı doldurmasız bir motor için bir önceki çevrimden kalan ölü hacmi dolduran silindir dolgusu içindeki artık egzoz gazlarının basıncı

$$p_r=\left(1.05-1.25\right)p_o \tag{2.89}$$

şeklinde seçilmektedir.

Emilen taze dolgu sıcak emme kanallarından geçerek silindire ulaşıncaya kadar (ΔT) kadar ısınmaktadır. ΔT değeri benzin motorlarında (0–20°C) aralığında olmaktadır. Emilen taze dolgunun basıncı da emme sisteminin akışa gösterdiği direnç nedeniyle biraz azalmaktadır ve silindir içinde oluşan emme sonu basıncı

$$p_a=p_0-\Delta p_a \tag{2.90}$$

bağıntısıyla belirlenmektedir. Burada Δp_a basınç düşüşü, $(\beta^2+\xi)$ toplam direnç katsayısı ve V_k en dar kesitteki hıza bağlı olarak aşağıdaki gibi hesaplanabilir.

$$\Delta p_a = \left(\beta^2 + \xi\right)\frac{V_k^2}{2}10^{-6}\rho_h \tag{2.91}$$

Burada $(\beta^2+\xi)$=2.5–4 ve V_k=50–150 [m/s] şeklinde seçilmektedir.

Emme sonu sıcaklığının hesaplanmasında kullanılacak olan artık egzoz gazları katsayısı ise

$$\gamma_r = \frac{p_r}{\varphi_{ed}\,\varepsilon\,p_a - p_r}\frac{T_0 + \Delta T}{T_r} \tag{2.92}$$

bağıntısıyla hesaplanmaktadır. Burada; φ_{ed} ek doldurma katsayısıdır ve benzin motorları için φ_{ed}=0.95–1.12 aralığında seçilebilir. Ek doldurma katsayısının devir sayısına bağlı olarak değişimi ise Durgun [153, 154] tarafından verilen ampirik bağıntı yardımıyla hesaplanmaktadır.

$$\varphi_{ed} = 3.39n10^{-5}+0.9163 \tag{2.93}$$

Emme sonu sıcaklığı

$$T_a = \frac{T_0 + \Delta T + \gamma_r T_r}{1 + \gamma_r} \tag{2.94}$$

bağıntısından hesaplanabilir. Burada artık egzoz gazları sıcaklığı T_r=600–1100 [K] arasında seçilmektedir.

Volumetrik verim; emme işlemi sonunda silindire alınan taze dolgunun kilomol sayısının, aynı hacmi dış ortam koşullarında doldurabilecek dolgunun kilomol sayısına oranı olarak tanımlanır ve

$$\eta_v = \varphi_{ed} \frac{\varepsilon}{\varepsilon - 1} \frac{p_a}{P_0} \frac{T_0}{T_0 + \Delta T + \gamma_r T_r} \qquad (2.95)$$

bağıntısından hesaplanır [153–155].

Gaz yakıtlar için kullanılırken (2.95) bağıntısı Bayraktar ve Durgun tarafından [26] önerildiği gibi ($1/[1+\phi/H_{min}]$) terimi ile çarpılmıştır.

Yapılan çalışmada p_r, ΔT, ($\beta^2+\xi$), V_k ve T_r için verilen aralıklarda incelenen çalışma koşullarına uygun değerler seçilmiştir.

2.1.4.2. Sıkıştırma İşlemi

Sıkıştırma işleminin başlangıcında silindir içerisinde yakıt, hava ve bir önceki çevrimden kalmış olan artık egzoz gazlarından oluşan reaktif bir karışım bulunmaktadır. Sıkıştırma işlemi emme işleminin sonundan, ateşleme işleminin gerçekleştirildiği krank açısına kadar geçen süreçte meydana gelmektedir. Sıkıştırma işlemi sırasında yanma olmadığından x_b=0.0 alınmaktadır. Bu durumda Bölüm 2.1.3'te (2.79)–(2.83) arasındaki tanımlamalar kullanılarak (2.84)–(2.88) arasında verilen adi diferansiyel denklem takımı sıkıştırma işlemi için yeniden düzenlenirse;

$$A = \frac{1}{m} \frac{dV}{d\theta} \qquad (2.96)$$

$$B = \frac{h_g}{\omega m} \left[\frac{v_u}{C_{p_u}} \frac{\partial \ln v_u}{\partial \ln T_u} \left(1 - \frac{T_d}{T_u} \right) A_u \right] \qquad (2.97)$$

$$C = 0 \qquad (2.98)$$

$$D = 0 \qquad (2.99)$$

$$E = \frac{v_u^2}{C_{p_u} T_u} \left(\frac{\partial \ln v_u}{\partial \ln T_u} \right)^2 + \frac{v_u}{p} \frac{\partial \ln v_u}{\partial \ln p} \qquad (2.100)$$

$$\frac{dp}{d\theta}=\frac{A+B}{E} \tag{2.101}$$

$$\frac{dT_b}{d\theta}=0 \tag{2.102}$$

$$\frac{dT_u}{d\theta}=\frac{-h_g A_u\left(T_u-T_d\right)}{\omega m C_{p_u}}+\frac{v_u}{C_{p_u}}\frac{\partial \ln v_u}{\partial \ln T_u}\frac{dp}{d\theta} \tag{2.103}$$

$$\frac{dW}{d\theta}=p\frac{dV}{d\theta} \tag{2.104}$$

$$\frac{dQ}{d\theta}=\frac{h_g}{\omega}A_g\left(T_u-T_d\right) \tag{2.105}$$

şeklinde elde edilir.

2.1.4.3. Yanma İşlemi

Yanma işleminin modellenmesinde iki bölgeli bir yanma modeli kullanılmıştır. Bu nedenle yanma işlemi sırasında silindir hacminin alev cephesi tarafından yanmış ve yanmamış bölge şeklinde iki bölgeye ayrıldığı varsayılmıştır. Modelde yanmış ve yanmamış bölgelerin termodinamik özellikleri ayrı ayrı hesaplanmaktadır. Yanma işlemi için bölüm 2.1.3'te verilen (2.79)–(2.83) arasındaki tanımlamalar ve (2.84)–(2.88) arasında verilen adi diferansiyel denklem takımı verilen şekliyle hesaplamalarda göz önüne alınmaktadır.

Yanma işlemi başlangıcında hesaplanması gereken önemli bir parametre de yanma başlangıç sıcaklığıdır. Burada yanma başlangıç sıcaklığı, yanma işleminde ürünlerin ulaşabileceği en yüksek sıcaklık olarak tanımlanan adyabatik alev sıcaklığı olarak alınmaktadır [38]. Adyabatik alev sıcaklığı hesaplanırken ilk olarak tahmini bir sıcaklık değeri alınır. Bu tahmini sıcaklıktan yararlanılarak yanma ürünlerinin yapısı ve toplam yanma entalpisi belirlenir ve

$$\Delta T = H_1 - H_2 / C_{p_b} \quad (2.106)$$

değeri hesaplanır. Burada 1 reaktanları (reaksiyona giren maddeleri), 2 ürünleri (reksiyondan çıkan maddeleri) göstermektedir. Böylece daha doğru bir T değeri

$$T_{son} = T_{ilk} + \Delta T \quad (2.107)$$

bağıntısı kullanılarak hesaplanır. Yeterli düzeyde duyarlılığa ulaşılıncaya kadar son hesaplanan T sıcaklık değeri yeniden kullanılarak işlemlere devam edilir. Başka bir ifadeyle

$$|\Delta T| / T_{son} \le \varepsilon_h \quad (2.108)$$

olmalıdır. Burada ε_h istenen yakınsama kriterini gösteren bir sayıdır. Yeterli duyarlılık sağlandığında bulunan T değeri adyabatik alev sıcaklığı olarak alınarak çevrim hesabına devam edilir [38, 48, 65, 66].

Yanma işlemi sırasında kütlesel yanma oranı ise bölüm 2.1.2.3'te anlatıldığı gibi hesaplanmıştır. Ferguson modelinde, kütlesel yanma oranı (2.31) bağıntısı kullanılarak belirlenmiştir. Kosinüs yanma bağıntısında bulunan $\Delta\theta_b$ yanma süresinin belirlenmesinde Bayraktar ve Durgun [156] tarafından geliştirilen aşağıdaki korelasyonlar kullanılmıştır.

$$c_1(\varepsilon) = 3.2989 - 3.3612(\varepsilon/\varepsilon_1) + 1.0800(\varepsilon/\varepsilon_1)^2 \quad (2.109)$$

$$c_2(n) = 0.1222 + 0.9717(n/n_1) - 0.05051(n/n_1)^2 \quad (2.110)$$

$$c_3(\phi) = 4.3111 - 5.6383(\phi/\phi_1) + 2.3040(\phi/\phi_1)^2 \quad (2.111)$$

$$c_4(\theta_s) = 1.0685 - 0.2902(\theta_s/\theta_{s1}) + 0.2545(\theta_s/\theta_{s1})^2 \quad (2.112)$$

$$\Delta\theta_b(\varepsilon, n, \phi, \theta_s) = c_1(\varepsilon)\, c_2(n)\, c_3(\phi)\, c_4(\theta_s)\, \Delta\theta_{b1} \quad (2.113)$$

Yukarıda verilen bağıntılarda ε_l=7.5, n_l=1000 d/dk , ϕ_l=1.0, θ_{sl}=30°KMA koşulları için $\Delta\theta_{bl}$=24°KMA olarak bilinen bir yanma süresidir ve farklı koşullardaki $\Delta\theta_b$ yanma süresi bu bilinen değerler kullanılarak kolaylıkla hesaplanabilmektedir [156].

Sanki boyutlu modelde ise yanmış kütle oranının belirlenmesinde (2.33)–(2.35) arasında verilen bağıntılar kullanılmıştır. Söz konusu bağıntılarda bulunan U_e türbülanslı çekilme hızı, l_T karakteristik uzunluk skalası ve S_L laminer alev hızı aşağıda verilen bağıntılardan belirlenmiştir [48, 82, 83].

$$U_e = U_T + S_L \tag{2.114}$$

$$U_T = 0.08\bar{U}_i\left(\frac{\rho_i}{\rho_e}\right)^{1/2} \tag{2.115}$$

$$\bar{U}_i = \eta_v\left(A_{pt}/A_{iv}\right)\frac{Sn}{30} \tag{2.116}$$

$$l_T = 0.8\,L_{iv}\left(\frac{\rho_e}{\rho_i}\right)^{3/4} \tag{2.117}$$

Yukarıdaki bağıntılarda, U_T türbülanslı hız, $\bar{U}_i$ silindire dolan gazların ortalama hızı, ρ_i emme işlemi sonunda silindir dolgusunun yoğunluğu, ρ_e alev cephesi içine çekilen yanmamış gaz karışımının yoğunluğu, η_v volumetrik verim, A_{pt} piston tablası yüzey alanı, A_{iv} emme supabı maksimum açıklık alanı, L_{iv} emme supabı kalkma miktarıdır.

Laminer alev hızının hesaplanmasında ise Gülder [157] tarafından geliştirilen aşağıdaki bağıntılar kullanılmıştır:

$$S_L(\phi,T,p) = S_{L,0}\left[T_u/T_0\right]^{\alpha}\left[p/p_0\right]^{\beta}\left(1-\psi f\right) \tag{2.118}$$

En son verilen (2.118) bağıntısında $S_{L,0}$, p_0=1 bar ve T_0=350 K standart koşullarındaki alev hızıdır ve aşağıda verilen bağıntıdan yararlanılarak hesaplanmaktadır.

$$S_{L,0}(\phi) = ZW\phi^{\eta}\exp\left[-\xi(\phi-1.075)^2\right] \tag{2.119}$$

Yukarıda verilen (2.118) ve (2.119) bağıntılarında bulunan α, β, Z, W, η, ξ katsayılarının sayısal değerleri Tablo 2'de verilmiştir. ψ ise f 'ye bağlı olarak; $0 \leq f \geq 0.3$ için ψ=2.5 şeklinde seçilmektedir.

Tablo 2. Laminer alev hızının hesabında kullanılan katsayılar [48, 157].

Yakıtlar	Z	W [m/s]	η	ξ	α	β $\phi \leq 1$	β $\phi \geq 1$
CH_4 (Metan)	1	0.422	0.15	5.18	2	–0.5	–0.5
C_3H_8 (Propan)	1	0.446	0.12	4.95	1.77	–0.2	–0.2
CH_4O (Metanol)	1	0.492	0.25	5.11	1.75	$0.2/\phi^{0.5}$	$0.2\ \phi$
C_2H_6O (Etanol)	1	0.465	0.25	6.34	1.75	$0.17/\phi^{0.5}$	$0.17\phi^{0.5}$
C_8H_{18} (İzoktan)	1	0.4658	–0.326	4.18	1.56	–0.22	-0.22

2.1.4.4. Genişleme İşlemi

Genişleme işlemi yanma odası içindeki taze dolgunun tamamının yanmasından sonra başlar ve bu durumda x_b=1 olur. Bölüm 2.1.3'te verilen (2.79)–(2.83) arasındaki tanımlamalar ve (2.84)–(2.88) arasında verilen adi diferansiyel denklem takımı genişleme işlemi için düzenlenirse

$$A = \frac{1}{m}\frac{dV}{d\theta} \tag{2.120}$$

$$B = \frac{h_g}{\omega m}\left[\frac{v_b}{C_{p_b}}\frac{\partial \ln v_b}{\partial \ln T_b}\left(1-\frac{T_d}{T_b}\right)A_b\right] \tag{2.121}$$

$$C = 0 \tag{2.122}$$

$$D = \frac{v_b^2}{C_{p_b}T_b}\left(\frac{\partial \ln v_b}{\partial \ln T_b}\right)^2 + \frac{v_b}{p}\frac{\partial \ln v_b}{\partial \ln p} \tag{2.123}$$

$$E = 0 \tag{2.124}$$

$$\frac{dp}{d\theta} = \frac{A + B}{D} \tag{2.125}$$

$$\frac{dT_b}{d\theta} = \frac{-h_g A_b (T_b - T_d)}{\omega m C_{p_b}} + \frac{v_b}{C_{p_b}} \frac{\partial \ln v_b}{\partial \ln T_b} \frac{dp}{d\theta} \tag{2.126}$$

$$\frac{dT_u}{d\theta} = 0 \tag{2.127}$$

$$\frac{dW}{d\theta} = p \frac{dV}{d\theta} \tag{2.128}$$

$$\frac{dQ}{d\theta} = \frac{h_g}{\omega} A_b (T_b - T_d) \tag{2.129}$$

elde edilir.

2.1.4.5. Egzoz İşlemi

Egzoz işlemi de emme işlemi gibi karmaşık bir yapıya sahiptir ve ayrıntılı modelleme gerektirir. Bu çalışmada ise egzoz işlemi özellikleri Durgun [153, 154] ve Bayraktar ve Durgun [155] tarafından verilen yarı ampirik bağıntılar kullanılarak belirlenmiştir.

Bölüm 2.1.4.1'de tahmin edilen T_r egzoz gazlarının sıcaklığı, p_r egzoz gazlarının basıncına ve çevrim benzetimi sonunda hesaplanan genişleme sonu özelliklerine (p_b ve T_b) bağlı olarak aşağıdaki gibi yeniden hesaplanır.

$$T_r' = T_b \sqrt[3]{p_r / p_b} \tag{2.130}$$

Eğer ilk tahmin edilen T_r ve çevrim sonunda hesaplanan T_r' arasında $\left|(T_r' - T_r)/T_{rs}\right| \leq 0.03$ şeklinde yeterli duyarlılık sağlandığında, çevrim benzetiminin istenen duyarlılıkla tamamlandığı varsayılmaktadır. Tersi durumda $T_r = T_r'$ alınarak çevrim hesabı tekrarlanır. Gerektiğinde p_r için de uygun yeni bir tahmin yapılabilir. Böylece yeterli duyarlılık sağlanana kadar döngü (iterasyon) tekrarlanmalıdır.

2.1.5. Enerji Bileşenlerinin ve Motor Performans Büyüklüklerinin Hesabı

Çevrim hesabında silindir içerisindeki gazların piston üzerine yaptığı iş ve silindir duvarlarından olan ısı kaybı krank açısına bağlı olarak sırasıyla (2.87) ve (2.88) eşitlikleri kullanılarak hesaplanmaktadır. Söz konusu bağıntıların diğer diferansiyel denklemlerle birlikte integre edilmesiyle çevrim süresince ortaya çıkan toplam ısı kaybı ve toplam çevrim işi Bayraktar [48] tarafından verilen aşağıdaki bağıntılardan hesaplanmıştır.

$$W_i = W_{i-1} + \int_{\theta_{i-1}}^{\theta_i} p \frac{dV}{d\theta} d\theta \qquad (2.131)$$

$$Q_i = Q_{i-1} + \frac{h_g}{\omega} \int_{\theta_{i-1}}^{\theta_i} \left[A_b \left(T_b - T_d \right) + A_u \left(T_u - T_d \right) \right] d\theta \qquad (2.132)$$

Yukarıda verilen (2.131) ve (2.132) bağıntılarından hesaplanan toplam çevrim işi ve toplam ısı kayıplarının sayısal değerleri, ısı şeklinde transfer edilen enerji (e_Q) ve iş şeklinde transfer edilen enerji (e_W) bileşenlerinin belirlenmesinde kullanılmıştır. Söz konusu enerji bileşenleri

$$e_Q = Q_{top} / m_{top} = E_Q / m_{top} \qquad (2.133)$$

$$e_W = W_{top} / m_{top} = E_W / m_{top} \qquad (2.134)$$

bağıntıları kullanılarak hesaplanmıştır. Ayrıca diğer enerji bileşenlerini oluşturan yakıtın kimyasal enerjisi ($e_{y,kim}$) ve toplam enerji (e_{top}) ise

$$e_{y,kim} = m_y Q_{LHV} / m_{top} = E_{y,kim} / m_{top} \qquad (2.135)$$

$$e_{top} = E_{top}/m_{top} = \left(E_Q + E_W + E_{y,kim}\right)/m_{top} = e_Q + e_W + e_{y,kim} \qquad (2.136)$$

bağıntılarından hesaplanmıştır. Yukarıda verilen (2.135) eşitliğinde bulunan Q_{LHV} yakıtın alt ısıl değeridir ve literatürde yaygın olarak verilen [48, 65, 66, 153, 154] Mendelyev formülünden belirlenmiştir.

$$Q_{LHV} = \left[33.91c' + 125.6h' - 10.89(o' - s') - 2.51(9h' - w')\right] \qquad (2.137)$$

En son verilen bağıntıda h', c', o', s' ve w' yakıt içersindeki bileşenlerin kütlesel oranlarını (yakıtın elemansel bileşimini) göstermektedir.

Diğer taraftan yukarıda verilen (2.131) eşitliğinden hesaplanan toplam çevrim işi motor performans büyüklüklerinin belirlenmesinde de kullanılmaktadır. Bilindiği gibi ortalama efektif basınç, efektif güç, döndürme momenti, efektif verim ve özgül yakıt tüketimi başlıca motor performans parametrelerini oluşturmaktadır. Çevrim hesabında toplam çevrim işi (indike iş) belirlendikten sonra p_{mi} ortalama indike basınç ve p_{me} ortalama efektif basınç aşağıdaki bağıntılardan kolayca hesaplanabilir [48, 65, 148].

$$p_{mi} = \frac{W_i}{V_h} \qquad (2.138)$$

$$p_{me} = p_{mi} - p_{m,m} \qquad (2.139)$$

Burada $p_{m,m}$ mekanik kayıplar ortalama basıncıdır ve Z silindir sayısına, V_{pm} ortalama piston hızına ve S/D strok/çap oranına bağlı olarak aşağıdaki ampirik bağıntılardan hesaplanabilmektedir [48, 65, 148].

$p_{m,m} = 0.49 + 0.0152\ V_{pm}$ [MPa]; $Z \geq 6$; $S/D > 1$

$p_{m,m} = 0.39 + 0.0132\ V_{pm}$ [MPa]; $Z \leq 6$; $S/D = 1$

$p_{m,m} = 0.34 + 0.0113\ V_{pm}$ [MPa]; $Z \leq 6$; $S/D < 1$

Böylece N_e efektif güç, M_d döndürme momenti, η_e efektif verim ve b_e özgül yakıt tüketimi yaygın olarak bilinen aşağıdaki bağıntılardan hesaplanabilir [48, 65, 66, 153, 154].

$$N_e = \frac{p_{me} V_h \, Z \, n}{k \, 60} \tag{2.140}$$

$$M_d = \frac{30}{\pi} \frac{N_e}{n} \tag{2.141}$$

$$\eta_e = \frac{p_{me} R T_0}{\phi F_s Q_{LHV} p_0 \eta_v} \times 100 \tag{2.142}$$

$$b_e = \frac{3600}{Q_{LHV} \eta_e} \tag{2.143}$$

Yukarıdaki bağıntılarda; V_h strok hacmi, n devir sayısı, k çevrim türüne bağlı bir katsayı (iki zamanlı motorlar için k=1 ve dört zamanlı motorlar için k=2), F_s stokiometrik yakıt miktarı, η_v volumetrik (hacimsel) verim ve Q_{LHV} yakıtın alt ısıl değeridir.

2.2. Termodinamik Çevrime Ekserji Analizinin Uygulanması

2.2.1. Ekserji Analizi Bağıntılarının Elde Edilmesi

Şekil 12'de gibi motor silindirini gösteren kapalı bir sistem için ekserji eşitliği aşağıdaki gibi ifade edilmektedir [35, 36, 112, 120, 129].

$$A = (E - U_0) + p_0 (V - V_0) - T_0 (S - S_0) \tag{2.144}$$

Yukarıda verilen (2.144) eşitliğinde

$$E = U + EK + EP \tag{2.145}$$

olup ayrık sistemin toplam enerjisini göstermektedir. Son iki eşitlikte, U iç enerjiyi, EK kinetik enerjiyi, EP potansiyel enerjiyi, V hacmi, S entropiyi ve 0 indisi yakın (referans) çevreye ait özelikleri ifade etmektedir.

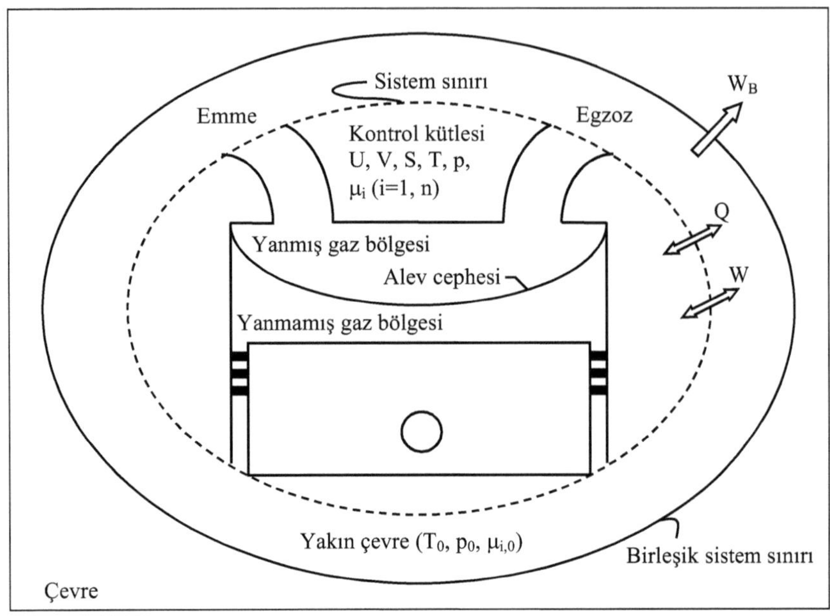

Şekil 12. Ekserji analizi açısından motor silindirinin şematik gösterimi [35]

Ekserji analizinde ayrık sistemin ve referans çevrenin özelikleri göz önüne alınarak birleşik sistemin üreteceği en çok işin belirlenmesi gerekmektedir. Bu nedenle birleşik sistemin sınırı öyle seçilmiştir ki, bu sınırdan sadece iş transferi gerçekleşecek, ısı geçişi $Q_B=0$ olacaktır. Bu durumda birleşik sistem için enerjinin korunumu

$$\Delta E_B = Q_B - W_B \quad \Rightarrow \quad W_B = -\Delta E_B \tag{2.146}$$

şeklinde yazılabilir. Burada, ΔE_B birleşik sistemin enerji değişimi, W_B birleşik sistemin üreteceği iştir.

Kapalı sistemin başlangıçtaki toplam enerjisi; iç enerji, kinetik enerji ve potansiyel enerjilerin toplamına eşitken, son (ölü) durumda sistemin yakın çevresinin iç enerjisine (U_0) eşit olmaktadır. Bu durumda kapalı sistem ve sistemin yakın çevresinin enerji değişimi toplamı aşağıdaki gibi yazılabilir [112].

$$\Delta E_B = \Delta E_S + \Delta E_ç = \left(U_0 - E\right) + \Delta U_ç \tag{2.147}$$

Yakın çevrenin iç enerji değişimi ($\Delta U_ç$) için enerji eşitliği göz önünde bulundurularak

$$\Delta U_ç = p_0 \Delta V_ç - T_0 \Delta S_ç \tag{2.148}$$

yazılabilir. En son verilen (2.148) eşitliği, (2.147)'de yerine yazılarak birleşik sistemin üreteceği iş

$$W_B = \left(E - U_0\right) - \left(T_0 \Delta S_ç - p_0 \Delta V_ç\right) \tag{2.149}$$

şeklinde elde edilir [112]. Birleşik sistemin hacmi sabit olduğundan yakın çevrenin hacmindeki değişimin, kapalı sistemin hacmindeki değişime eşit fakat ters işaretli olması gerekmektedir. Bu varsayıma dayalı olarak

$$\Delta V_ç = -\left(V_0 - V\right) \tag{2.150}$$

yazılabilir. Bu durumda (2.149) eşitliği aşağıdaki gibi yeniden düzenlenebilir [112].

$$W_B = \left(E - U_0\right) + p_0\left(V - V_0\right) - T_0 \Delta S_ç \tag{2.151}$$

Bu ifade bir kapalı sistemin çevresiyle etkileşim içinde bulunarak ölü duruma gelirken birleşik sistemin üreteceği işi vermektedir. Birleşik sistemin üreteceği maksimum teorik iş ise aşağıdaki gibi belirlenebilir [112, 120, 129].

Birleşik sistem için entropi dengesi eşitliği kullanılarak

$$\Delta S = \int_1^2 \left(\frac{dQ}{T}\right)_{sınır} + S_{B,üretim} \tag{2.152}$$

ve birleşik sistemden ısı geçişi olmadığı göz önünde bulundurularak

$$\Delta S_B = \Delta S_s + \Delta S_ç = (S_0 - S) + \Delta S_ç \tag{2.153}$$

yazılabilir. Yukarıda verilen (2.152) ve (2.153) eşitliklerinden $S_{B,üretim}$ terimi çekilirse

$$S_{B,üretim} = (S_0 - S) + \Delta S_ç \tag{2.154}$$

elde edilir. Bu ifade birleşik sistemin entropi üretimini vermektedir. Burada $\Delta S_ç$ çekilip (2.150) eşitliğinde yerine yazılırsa

$$W_B = (E - U_0) + p_0 (V - V_0) - T_0 (S - S_0) - T_0 S_{B,üretim} \tag{2.155}$$

bağıntısı elde edilir [112]. Eşitlik (2.155)'de $T_0 S_{B,üretim}$ tersinmezlikleri ifade etmektedir. Böylece tersinmezliklerin olmadığı durum için birleşik sistemden elde edilebilecek maksimum iş

$$W_{B,max} = (E - U_0) + p_0 (V - V_0) - T_0 (S - S_0) \tag{2.156}$$

olur. En genel halde kapalı sistem için kullanılabilirlik yapılabilecek maksimum işe eşit olduğundan (2.156) ifadesi aynı zamanda kapalı sistemin kullanılabilirliğini gösterir. Kullanılabilirliği gösterecek şekilde (2.156) eşitliği tekrar düzenlenirse (2.144)'de verilen kapalı bir sistem için ekserji bağıntısı aşağıdaki gibi elde edilir.

$$A = (E - U_0) + p_0 (V - V_0) - T_0 (S - S_0) \tag{2.157}$$

Özgül büyüklükler cinsinden kapalı sistem için ekserji bağıntısı

$$a = A/m = (e - u_0) + p_0 (v - v_0) - T_0 (s - s_0) \tag{2.158}$$

şeklinde yazılabilir. Burada, $e = u + ek + ep = u + v^2/2 + gz$ olup, toplam özgül enerjiyi göstermektedir ve iç enerji (u), kinetik enerji (ek) ve potansiyel enerjinin (ep) toplamına eşittir. Kinetik ve potansiyel enerji ihmal edilirse özgül büyüklükler cinsinden kapalı bir sistem için kullanılabilirlik bağıntısı

$$a = (u - u_0) + p_0 (v - v_0) - T_0 (s - s_0) \tag{2.159}$$

halini alır.

Kapalı bir sistemin herhangi bir durum değişimi sırasında ekserji değişimi ise

$$A_2 - A_1 = (E_2 - E_1) + p_0 (V_2 - V_1) - T_0 (S_2 - S_1) \tag{2.160}$$

şeklinde yazılabilir.

Özgül büyüklükler cinsinden kapalı bir sistemin ekserji değişimi kinetik ve potansiyel enerjiler ihmal edilerek aşağıdaki gibi yazılabilir.

$$a_2 - a_1 = (u_2 - u_1) + p_0 (v_2 - v_1) - T_0 (s_2 - s_1) \tag{2.161}$$

Burada; 2 indisi durum değişimi sonundaki, 1 indisi durum değişimi başlangıcındaki büyüklükleri, p_0 ölü durum basıncını ve T_0 ölü durum sıcaklığını göstermektedir.

Kapalı bir sistem için ekserji dengesi ifadesi ise termodinamiğin birinci kanunu ve termodinamiğin ikinci kanunu bağıntıları kullanılarak [112, 120].

$$E_2 - E_1 = Q - W \tag{2.162}$$

$$S_2 - S_1 = \int_1^2 \left(\frac{dQ}{T} \right)_{sınır} + S_{üretim} \tag{2.163}$$

şeklinde yazılabilir. Yukarıda verilen (2.162) eşitliği (2.163)'de yerine yazılırsa

$$(E_2 - E_1) - T_0 (S_2 - S_1) = \int_1^2 dQ - T_0 \int_1^2 (dQ/T)_{sınır} - W - T_0 S_{üretim} \tag{2.164}$$

bulunur.

Kapalı sistem için (2.160) eşitliğiyle verilmiş olan ekserji değişimi bağıntısı kullanılarak

$$\left(A_2 - A_1\right) - p_0\left(V_2 - V_1\right) = \int_1^2 \left(1 - T_0/T_{sınır}\right) dQ - W - T_0 S_{üretim} \tag{2.165}$$

yazılabilir. En son yazılan (2.165) bağıntısı tekrar düzenlenerek

$$(A_2 - A_1) = \int_1^2 (1 - T_0/T_{sınır}) dQ - \left[W - p_0\left(V_2 - V_1\right)\right] - T_0 S_{üretim} \tag{2.166}$$

elde edilir. (2.166) bağıntısı kapalı bir sistem için ekserji dengesini ifade etmektedir. Burada; $(1-T_0/T_{sınır})dQ$ ısıyla transfer edilen ekserjiyi, $W-p_0(V_2-V_1)$ işle transfer edilen ekserjiyi, $T_0S_{üretim}$ tersinmezlikleri ifade etmektedir.

Yukarıda verilen (2.166) bağıntısı termomekanik ekserjiyi göstermektedir. Yanma olayı gibi kimyasal olayların söz konusu olduğu durumlarda termomekanik ekserjinin yanında kimyasal ekserjinin de dikkate alınması gerekmektedir. Bu durumda kapalı sistem için ekserji ifadesi

$$A = \int_1^2 \left(1 - T_0/T_{sınır}\right) dQ - \left[W - p_0\left(V_2 - V_1\right)\right] - T_0 S_{üretim} + \sum_i m_i (\mu_{i0} - \mu_i^0) \tag{2.167}$$

şeklinde yazılabilir [35, 112, 120].

Motor silindiri için (2.157) ve (2.166) eşitlikleri krank açısına göre düzenlenerek diferansiyel formda

$$\frac{dA}{d\theta} = \frac{dU}{d\theta} + p_0 \frac{dV}{d\theta} - T_0 \frac{dS}{d\theta} = \left(1 - \frac{T_0}{T}\right)\frac{dQ}{d\theta} - \left(\frac{dW}{d\theta} - p_0 \frac{dV}{d\theta}\right) - T_0 S_{üretim} \tag{2.168}$$

ifadesi yazılabilir.

Yakıtın kimyasal ekserjinin de hesaba katılması durumunda

$$\underbrace{\frac{dA}{d\theta}}_{6}=\underbrace{\overbrace{\left(1-\frac{T_0}{T}\right)\frac{dQ}{d\theta}}^{1}-\overbrace{\left(\frac{dW}{d\theta}-p_0\frac{dV}{d\theta}\right)}^{2}-\overbrace{\frac{dI_{top}}{d\theta}}^{3}}_{4}+\underbrace{\frac{m_f}{m_T}\frac{dx_b}{d\theta}a_{y,kim}}_{5} \tag{2.169}$$

bağıntısı elde edilir [35]. Yukarıda verilen (2.169) eşitliğinde; 1 ısıyla transfer edilen ekserji (A_Q) değişimini, 2 işle transfer edilen ekserji (A_W) değişimini, 3 tersinmezliklerin (I) değişimini, 4 termomekanik ekserji (A_{tm}) değişimini, 5 yakıtın kimyasal ekserji (A_{kim}) değişimini ve 6 toplam ekserji (A_{top}) değişimini göstermektedir. Çevrim hesabı sonunda (2.164)'de verilen ekserji bileşenlerine ek olarak, egzozdan atılan ekserji (A_{egz}) bileşeni de ortaya çıkmaktadır.

Ekserji bileşenlerinin sayısal değerleri (2.169) eşitliğinin sayısal çözümü ile elde edilmektedir. Bu değerlerin silindir içerisinde bulunan m_{top} toplam kütleye bölünmesiyle elde edilen özgül ekserji bileşenlerinin silindire giren özgül yakıt ekserjisine ($a_{y,kim}$) bölünmesi sonucunda $\left(a_Q/a_{y,kim}\right)$, $\left(a_W/a_{y,kim}\right)$, $\left(i/a_{y,kim}\right)$ ve $\left(a_{egz}/a_{y,kim}\right)$ şeklinde yakıt ekserjisine göre dağılımları belirlenmektedir.

Yukarıda verilen (2.169) eşitliğinde $a_{y,kim}$ yakıtın kimyasal ekserjisi, sıvı yakıtlar [129, 150] ve gaz yakıtlar [148] için sırasıyla aşağıdaki bağıntılarından belirlenmiştir.

$$a_{y,kim}=Q_{LHV}\left[1.0401+0.01728\frac{h'}{c'}+0.0432\frac{o'}{c'}+0.2196\frac{s'}{c'}\left(1\text{-}2.0628\frac{h'}{c'}\right)\right] \tag{2.170}$$

$$a_{y,kim}=Q_{LHV}\left[1.0334+0.0183\frac{h'}{c'}-0.0694\frac{1}{c'}\right] \tag{2.171}$$

Yukarıda verilen (2.170) ve (2.171) bağıntılarında h', c', o', s' ve w' daha önce de belirtildiği gibi yakıtı oluşturan bileşenlerin kütlesel oranlarını göstermektedir.

Eşitlik (2.169)'da bulunan I_{top} ile ifade edilen tersinmezlikler

$$\dot{I}_{top}=\dot{I}_{yanma}+\dot{I}_{\text{ısı transferi}}=T_0\dot{S}_{\text{üretim}} \tag{2.172}$$

şeklinde belirlenmiştir. Son eşitlikteki toplam entropi üretimi ısı transferi ve yanmadan kaynaklanan entropi üretimleri göz önünde bulundurularak

$$\dot{S}_{üretim} = \frac{d(m_b s_b)}{d\theta} + \frac{d(m_u s_u)}{d\theta} + \frac{\dot{Q}_b}{T_b} + \frac{\dot{Q}_u}{T_u} \tag{2.173}$$

şeklinde hesaplanmaktadır [35, 37, 112, 129].

Mekanik sürtünmelerden kaynaklanan kayıplar ise bölüm 2.1.5'te mekanik kayıplar ortalama basıncı kavramından yararlanılarak göz önüne alınmıştır.

2.2.2. Birinci ve İkinci Kanun Verimlerinin Belirlenmesi

Birinci ve ikinci kanun verimleri farklı boyutlardaki motorların performanslarının karşılaştırılması ve yapılan farklı iyileştirmelerin etkilerinin birinci ve ikinci kanun açısından değerlendirilmesi amacıyla belirlenmektedir. Sunulan tez çalışmasında birinci kanun verimi aşağıda verilen (2.174) bağıntısıyla belirlenmiştir [38, 48, 65, 66, 129].

$$\eta_I = \frac{\text{Çıkan Enerji (iş olarak)}}{\text{Giren Enerji}} = \frac{W_i}{m_y Q_{LHV}} \tag{2.174}$$

Burada; W_i toplam indike iş, m_y çevrim başına silindire giren yakıt miktarı, Q_{LHV} yakıtın alt ısıl değeridir.

İkinci kanun verimi ise (2.175) bağıntısıyla belirlenmiştir [35, 129].

$$\eta_{II} = \frac{\text{Çıkan Ekserji (iş olarak)}}{\text{Sisteme Giren Ekserji}} = \frac{A_W}{m_y a_{y,kim}} \tag{2.175}$$

Burada; A_W işle transfer edilen ekserji, $a_{y,kim}$ ise yakıtın kimyasal ekserjisidir.

Mekanik kayıpların da dikkate alındığı efektif verim ifadesi bölüm 2.1.5'te verilmiştir.

2.3. Bilgisayar Programı

Geliştirilen termodinamik çevrim modelinden yararlanarak parametrik çalışma yapmak amacıyla yukarıda verilen matematiksel model için Fortran programlama dilinde bir bilgisayar programı yazılmıştır. Silindir çapı, strok uzunluğu, biyel boyu, emme supabı geometrik özellikleri, sıkıştırma oranı, buji konumu gibi konstrüktif büyüklükler; yakıt-hava ekivalans oranı, devir sayısı, yakıt özellikleri, artık egzoz gazlarının oranı gibi işletme büyüklükleri ve ortam sıcaklığı ve basıncı gibi ortam koşulları programa girilen değerlerdir. Bilgisayar programında, düşük sıcaklıktaki silindir dolgusunun ve yüksek sıcaklıktaki yanma ürünlerinin yapısının ve termodinamik özeliklerinin belirlenmesinde sırasıyla Ferguson [38] tarafından geliştirilen FARG ve ECP alt programları kullanılmıştır. Ayrıca bilgisayar programında kütlesel yanma oranı, anlık silindir hacmi, adyabatik alev sıcaklığı, laminer alev hızı ve alev cephesi geometrisinin belirlenebilmesi için de alt programlar kullanılmıştır. Matematik modelde verilmiş olan ve silindir basıncının, yanmış ve yanmamış gaz sıcaklıklarının, gazların piston üzerine yaptığı işin ve silindir duvarlarından olan ısı kayıplarının hesaplanmasında kullanılan diferansiyel denklem takımı bilgisayar programında Runge-Kutta yöntemini kullanarak çözüm yapan DVERK alt programı ile çözülmüştür. Silindir içerisindeki gazların termodinamik durumu belirlenir belirlenmez ekserji analizi ile ilgili büyüklükler eş zamanlı olarak hesaplanmıştır. Şekil 13'te bilgisayar programının akış şeması verilmiştir. Akış şemasında bulunan alt programlara ilişkin bilgiler aşağıdaki gibidir.

AUXLRY alt programı: Anlık silindir hacmini, kütlesel yanma oranının başlangıç değerini, piston hızını ve açısal hızı hesaplar, orijinal olarak Ferguson [38] tarafından yazılmıştır.

FARG alt programı: Yanmamış gaz karışımının termodinamik özeliklerini hesaplar, orijinal olarak Ferguson [38] tarafından yazılmıştır.

DVERK alt programı: Çevrim modelinde yer alan adi diferansiyel denklemlerin sayısal çözümünde kullanılmaktadır ve Ferguson [38] tarafından yazılmış olan FCN alt programı ile birlikte kullanılmaktadır.

TINITL alt programı: Yanma işleminin başlangıcında adyabatik alev sıcaklığının belirlenmesinde kullanılır, orijinal olarak Ferguson [38] tarafından yazılmıştır.

ECP alt programı: Yanmış gaz karışımının termodinamik özeliklerini hesaplar, orijinal olarak Ferguson [38] tarafından yazılmıştır.

RFLAME alt programı: Alev cephesi geometrik özelliklerinin hesaplanmasını sağlar, Bilgin [152] tarafından yazılmış ve Altın [65] tarafından çevrim modeline adapte edilmiştir.

Bilgisayar programında ekserji analizine yönelik uyarlama ve hesaplamalar yazar tarafından gerçekleştirilmiştir. Akış şemasında E evet ve H hayır anlamında kullanılmıştır.

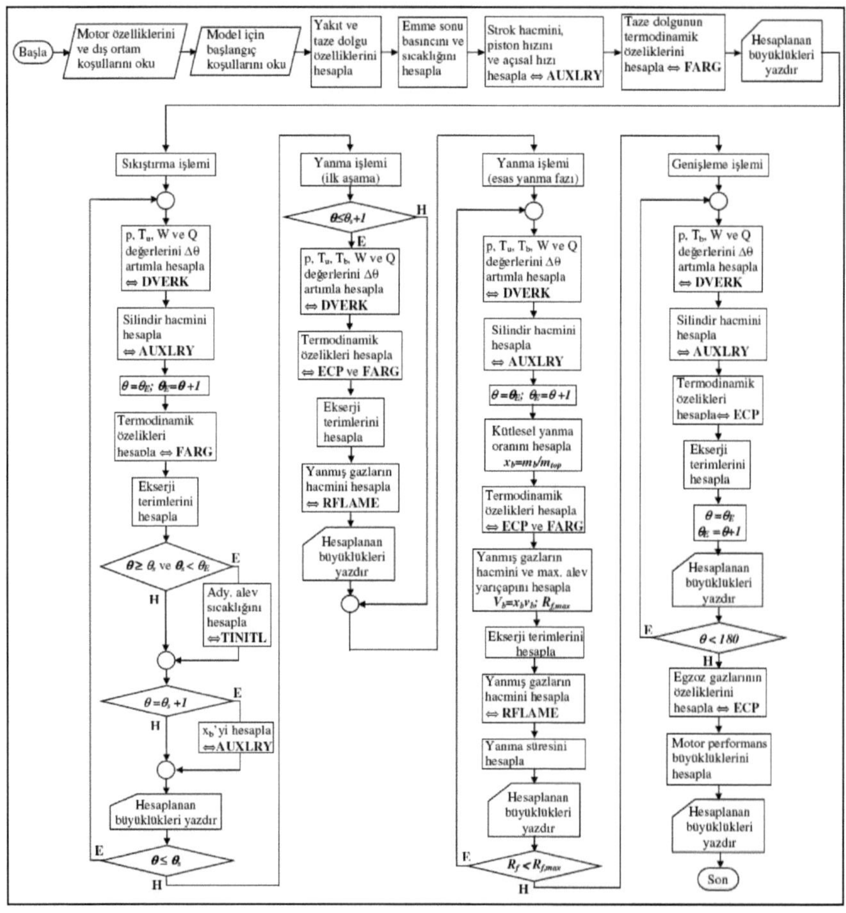

Şekil 13. Bilgisayar programı akış şeması

3. BULGULAR VE İRDELEMELER

3.1. Ferguson Modeliyle Elde Edilen Verilerin Değerlendirilmesi

3.1.1. Modelinin Güvenirliliğinin Kontrolü

Şekil 14 ve 15 (a) ve (b)'de, modelin güvenirliliğini kontrol etmek amacıyla Ferguson modeliyle elde edilen basınç ve kütlesel yanma oranı değerlerinin deneysel verilerle karşılaştırılması görülmektedir. Deneysel verilerin alındığı motorların özellikleri Tablo 3'te verilmiştir. Her iki şekilde de görüldüğü gibi modelden elde edilen sayısal değerler deneysel verilerle uyumludur. Sadece yanma işleminin ilk kısmında modele ait kütlesel yanma oranı değerleri deneysel verilere göre biraz yüksek değerler almıştır. Bu durumun Ferguson modelinde yanma işleminin ayrıntılı modellenmemiş olmasından ve buradaki sayısal değerlerin çok küçük olmasından kaynaklanmaktadır. Burada yapılan karşılaştırmalar sonucunda kullanılan modelin parametrik çalışmalar için yeterli güvenirliliğe sahip olduğu söylenebilir.

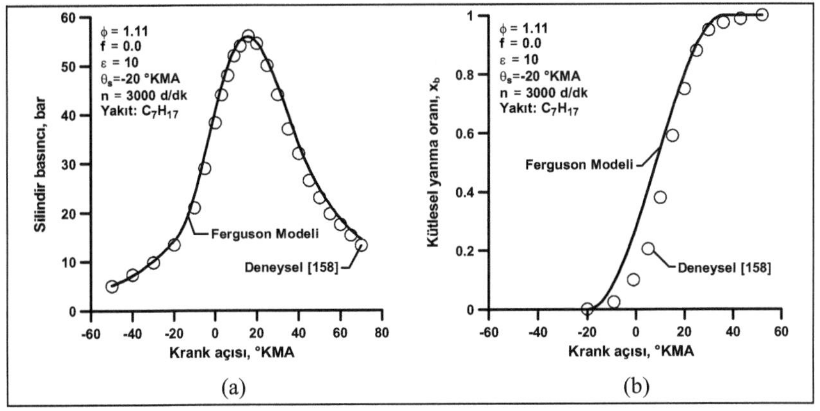

Şekil 14. Ferguson modelinden elde edilen a) silindir basıncı ve b) kütlesel yanma oranı değerlerinin deneysel verilerle karşılaştırılması

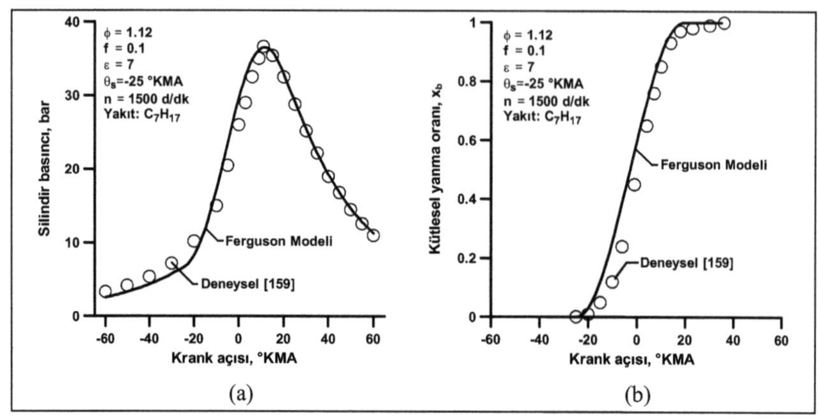

Şekil 15. Ferguson modelinden elde edilen a) silindir basıncı ve b) kütlesel yanma oranı değerlerinin deneysel verilerle karşılaştırılması

Tablo 3. Deneysel verilerin alındığı motorların özellikleri

	ε	D [mm]	S [mm]	L_b [mm]
Motor I [158]	10	84.5	89	180
Motor II [159]	7	100	115	230

3.1.2. Enerji Analizi ve Ekserji Analizi Verilerinin Değerlendirilmesi

Ferguson modelinin güvenirliliği ilgili yukarıda verilen değerlendirmeler yapıldıktan sonra modele termodinamiğin ikinci kanunu ile yaklaşımlar uygulanarak ekserji analizine yönelik parametrik bir çalışma gerçekleştirilmiştir. Bu bölümde parametrik çalışmadan elde edilen veriler grafikler şeklinde sunulmuş ve irdelemeler yapılmıştır. Ekserji analizine yönelik parametrik çalışmada kullanılan motorun özellikleri Tablo 4'te verilmiştir.

Tablo 4. Ekserji analizinde kullanılan motorun özellikleri [38]

Silindir çapı, D [mm]	100
Strok uzunluğu, S [mm]	80
Biyel boyu, L_b [mm]	160
Sıkıştırma oranı, ε	değişken
Emme supabı tabla çapı, d_{iv} [mm]	40
Emme supabı kalkma miktarı, L_{iv} [mm]	değişken
Bujinin silindir ekseninden boyutsuz	(0-1)

Şekil 16 (a)'da, enerji bileşenlerinin krank açısına göre değişimleri verilmiştir. Şekilde görüldüğü gibi enerji bileşenleri ısı şeklinde transfer edilen enerji e_Q, iş şeklinde transfer edilen enerji e_W, yakıtın kimyasal enerjisi $e_{y,kim}$ ve bu üçünün toplamından oluşan e_{top}'dan meydana gelmiştir. Sıkıştırma sürecinde silinidir içerisinde sıcaklık nispeten düşük değerlerde olduğundan ısı şeklinde transfer edilen enerjide önemli bir değişim meydana gelmemektedir. Diğer taraftan sisteme dışarıdan iş girişi olduğu için e_W negatif yönde artış göstermektedir. θ_s=-35°KMA'da yanmanın başlamasıyla sıcaklık yükselmekte ve sistemden dışarı ısı kaybı olduğu için e_Q negatif yönde artış göstermektedir. Sıcaklıktaki artış silindir içersinde basıncın artmasına neden olmakta ve θ=0°KMA'dan (üst ölü noktadan) sonra sistemden genişleme boyuca faydalı iş elde edildiği için e_W pozitif yönde artmaktadır. $\Delta\theta_b$=67°KMA yanma işlemi süresince, yakıtın kimyasal enerjisi yanma olayı ile ısı enerjisine dönüşmekte ve ortaya çıkan enerji genişleme sürecinde ısı kayıpları ve iş şeklinde sistemden transfer edilmektedir. Böylece genişleme sürecinde sistemin toplam enerjisi sürekli azalmakta ve kalan bir miktar enerji egzozla dışarı atılmaktadır.

Şekil 16 (b)'de, ise ekserji bileşenlerinin krank açısına göre değişimi verilmiştir. Şekilde ısıyla transfer edilen ekserji a_Q, işle transfer edilen ekserji a_W, tersinmezlikler i, termomekanik ekserji a_{tm}, yakıtın kimyasal ekserjisi $a_{y,kim}$ ve toplam ekserji a_{top} ile gösterilmiştir. Sıkıştırma işlemi boyunca ısı transferi küçük değerler aldığından ısıyla transfer edilen ekserjideki değişim fark edilememektedir. İşle transfer edilen ekserji ise sisteme dışarıdan iş girişi olduğu için negatif yönde artış göstermektedir. Isı transferi küçük değerler aldığından tersinmezliklerde fark edilir bir değişim olmamaktadır. Termomekanik ekserji basınç ve sıcaklığın bir fonksiyonudur ve ısı ve işle transfer edilen ekserjilerin toplamıdır ve tersinmezlikleri de kapsamaktadır. Sıkıştırma işlemi esnasında sıcaklık ve basınç yavaş bir şekilde arttığından termomekanik ekserji de yaklaşık lineer olarak artmaktadır. Bu süreçte yakıtın kimyasal ekserjisi ise sabit kalmaktadır. Toplam ekserji ise yakıt ekserjisi ve termomekanik ekserjinin toplamı şeklinde düşünülebilir. Bu nedenle sıkıştırma işlemi boyunca toplam ekserji, termomekanik ekserjideki artış nedeniyle artmaktadır. Ancak θ_s=-35°KMA'da yanma işleminin başlamasıyla silindir içerisinde basınç ve sıcaklık yükselmekte ısıyla ve işle transfer edilen ekserjiler artmakta ve buna bağlı olarak termomekanik ekserji de hızlı bir şekilde artmaktadır. Yanma işleminin entropi üreten bir işlem olması nedeniyle, yanmanın başlamasıyla tersinmezlikler de artmaya başlamış ve yanma işlemi süresince hızlı bir artış göstermiştir. Diğer taraftan yanma işlemi sırasında ($\Delta\theta_b$=67°KMA) yakıtın yanması nedeniyle yakıtın kimyasal ekserjisi hızlı bir şekilde azalmaktadır. Yanma tamamlandıktan sonra genişleme sürecinde pistonun alt ölü noktaya doğru hareketi ile hacim büyümekte silindir içerisinde basınç ve sıcaklık düşmektedir. Bu esnada silindirden dışarı ısıyla ve işle ekserji transferleri devam ederken termomekanik ekserji de hızlı bir biçimde azalmaktadır. Genişleme süresince ısı transferi nedeniyle tersinmezlikler çok az artmakla beraber yaklaşık sabit kalmaktadır. Yanma işlemi sonunda eğer silindir içerisinde yanmamış yakıt kalmamışsa yakıtın kimyasal ekserjisi sıfır olmaktadır. Genişleme boyunca sistemden yararlı iş elde edilmesi ve silindir duvarlarından olan ısı transferi nedeniyle toplam ekserji azalmaya devam etmekte ve genişleme sürecinin sonunda kalan bir miktar ekserji de egzoz gazlarıyla dışarı atılmaktadır.

Şekil 17 (a)'da, çevrimin enerji bileşenlerinin yakıt enerjisine göre dağılımları verilmiştir. Şekilde görüldüğü gibi çevrime giren yakıt enerjisi içerisinde pay sahibi olan üç bileşen vardır. Bunlar ısıyla transfer edilen enerji e_Q, işle transfer edilen enerji e_W ve egzozdan atılan enerji e_{egz}'den oluşmaktadır. Şekilde verilen çalışma koşullarında yakıt enerjisi içerisinde; e_Q %19.8, e_W %37.15 ve e_{eks} %43.77'lik paylara sahiptirler.

Şekil 17 (b)'de, çevrimin ekserji bileşenlerinin yakıt ekserjisine göre dağılımları verilmiştir. Ekserji bileşenleri; ısıyla transfer edilen ekserji a_Q, işle transfer edilen ekserji a_W, tersinmezlikler i ve egzozdan atılan ekserji a_{egz}'den oluşmaktadır. Şekilde verilen çalışma koşulları için a_Q %14.13, a_W %35.15, i %19.84 ve a_{egz} %30.88'lik paya sahiptirler.

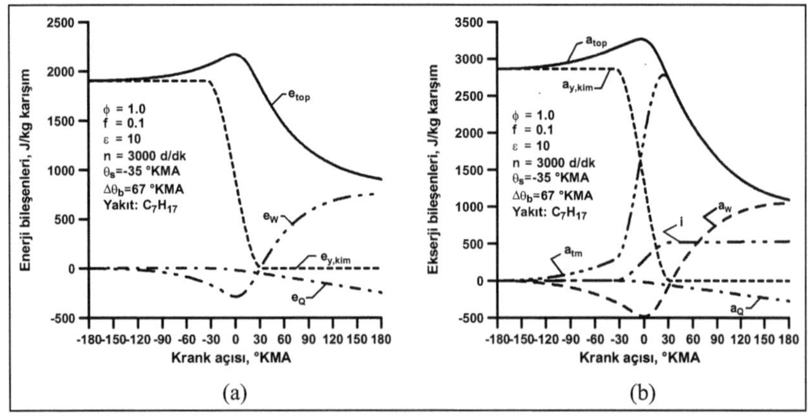

Şekil 16. (a) Enerji bileşenlerinin ve (b) ekserji bileşenlerinin değişimleri

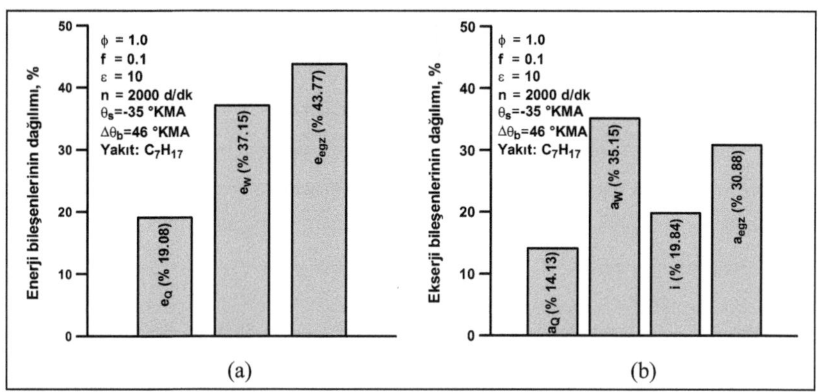

Şekil 17. (a) Enerji bileşenlerinin yakıt enerjisine ve (b) ekserji bileşenlerinin yakıt ekserjisine göre dağılımları

Şekil 16 ve 17'de, verilen değişimlerle ilgili olarak vurgulanması gereken diğer önemli nokta, ekserji bileşenleri içinde enerji bileşenlerinden farklı olarak tersinmezliklerin yer almasıdır. Bu durum enerji analizi ile ekserji analizi arasındaki farkı ve ekserji analizinin gerekliliğini açıkça ortaya koymaktadır. Sistemde faydalı iş üretilmesinde kullanılan ekserjinin yok edilmesine neden olan tersinmezlikler sadece ekserji analizi kullanılarak incelenebilmektedir.

Şekil 18 (a)–(f)'de, yanmış ve yanmamış gaz sıcaklıklarının, sırasıyla sıkıştırma oranına (ε), ekivalans oranına (ϕ), ateşleme avansına (θ_s), devir sayısına (n), artık egzoz gazları oranına (f) ve sıkıştırma başlangıç sıcaklığına (T_i) göre değişimleri verilmiştir. Şekillerden görüldüğü gibi sıkıştırma oranının artması beklendiği gibi maksimum yanma sıcaklığını artırmakta ancak genişleme sürecinde daha düşük sıcaklıkların ortaya çıkmasına neden olmaktadır. Benzer şekilde ekivalans oranının artışıyla maksimum yanma sıcaklıklarında artış meydana gelmiş ve genişleme sürecinde stokiometrik karışım (ϕ=1.0) için, fakir (ϕ=0.9) ve zengin (ϕ=1.1) karışıma göre daha yüksek sıcaklıklar oluşmuştur. Ateşleme avansının artırılması maksimum yanma sıcaklığında artış sağlarken ateşlemenin geciktirilmesi (ateşleme avansı değerinin küçülmesi) genişleme sürecinde daha yüksek sıcaklıkların elde edilmesine neden olmaktadır. Devir sayısındaki değişimlerin sıcaklıklar üzerinde oldukça önemli bir etkiye sahip olduğu şekilden görülmektedir. Düşük devir sayısında (n=1500 d/dk) maksimum yanma sıcaklıklarında artış elde edilirken devir sayısının artması yanma sıcaklıklarının düşmesine neden olmuştur. Diğer taraftan devir sayısının artışı yanma işleminin uzamasına neden olduğundan genişleme sürecinde daha yüksek sıcaklıklar ortaya çıkmıştır. Artık egzoz gazları oranının artırılması çevrime girebilecek yakıt miktarını azaltacağından hem maksimum yanma sıcaklıklarının hem de genişleme boyunca elde edilen sıcaklıkların düşük değerler almasına neden olmaktadır. Emme sonu veya başka bir ifadeyle sıkıştırma başlangıç sıcaklığının çevrimin sıcaklık değişimi üzerindeki etkisi diğer çevrim parametrelerine göre oldukça düşük seviyede kalmıştır. Bununla birlikte T_i'nin artması maksimum yanma sıcaklıklarını çok az miktarda artırırken genişleme sürecinde ortaya çıkan sıcaklık değerlerine ise hemen hemen hiç etkisi olmamıştır.

Şekil 19 (a)–(f)'de, sırasıyla sıkıştırma oranının (ε), ekivalans oranının (ϕ), ateşleme avansının (θ_s), devir sayısının (n), artık gaz oranının (f) ve sıkıştırma başlangıç sıcaklığının (T_i), ortalama indike basınç değişimi üzerine etkileri gösterilmiştir. Şekiller incelendiğinde; sıkıştırma oranının artmasıyla yukarıda açıklandığı gibi silindir içerisinde sıcaklığın yükselmesi ve buna bağlı olarak basıncın artması nedeniyle ortalama indike basıncın arttığı görülmektedir. Zengin karışım kullanıldığında silindire giren fazladan yakıt yakılamadığından stokiometrik ve zengin karışımlarla yaklaşık aynı ortalama indike basınç değerleri elde edilmiş, fakir karışım kullanıldığında ise çevrime sokulan yakıt miktarı diğer karışımlara kıyasla daha az miktarda olacağından fakir karışım daha düşük ortalama basınç değeri vermiştir. Ateşleme avansının θ_s=-30°KMA değeri için maksimum ortalama indike basınç değeri elde edilirken diğer ateşleme avansı değerlerinde daha düşük ve birbirine yakın değerler ortaya çıkmıştır. Benzer şekilde n=3000 d/dk için maksimum ortalama indike basınç değeri elde edilmiş, diğer devir sayıları ise daha düşük ve birbirine yakın değerler vermiştir. Artık egzoz gazları oranının artışı silindire giren yakıt miktarının azalmasına neden olduğu için yanma sırasında ortaya çıkacak sıcaklıkların ve buna bağlı olarak basıncın düşük değerler almasına neden olarak ortalama indike basıncın azalmasına neden olmaktadır. Böylece artık egzoz gazları oranının artışı ortalama indike basıncın lineer olarak azalmasına neden olmuştur. Diğer taraftan emme sonu sıcaklığının artışı silindir dolgusunun yoğunluğunu düşürerek silindire alınan karışımın kütlesinin azalmasına ve bunun sonucunda yanma sırasında daha düşük sıcaklık ve basınç değerlerinin ortaya çıkmasına neden olmakta, böylece ortalama indike basınç değerleri emme sonu sıcaklığı arttıkça yaklaşık lineer olarak azalmıştır.

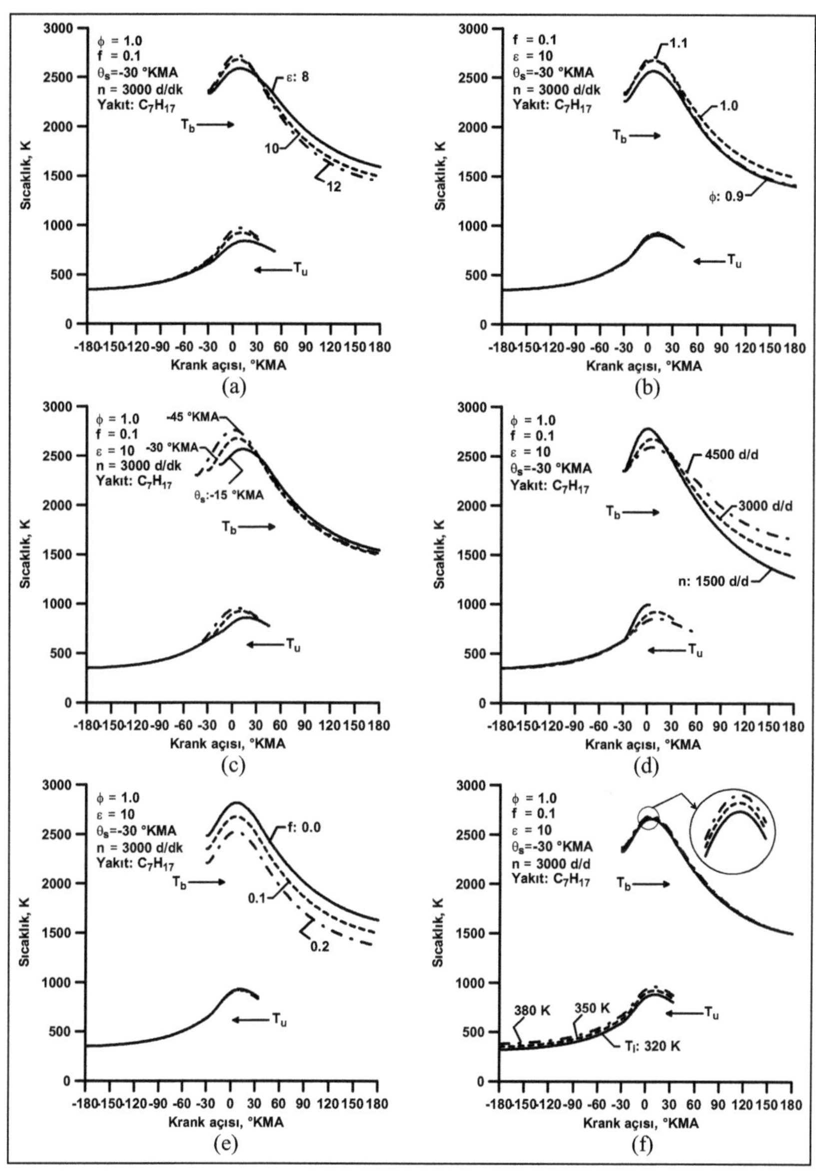

Şekil 18. Yanmış ve yanmamış gaz bölgesi sıcaklıklarının a) sıkıştırma oranına, b) ekivalans oranına, c) ateşleme avansına, d) devir sayısına, e) artık egzoz gazları oranına ve f) sıkıştırma başlangıç sıcaklığına göre değişimlerinin Ferguson modeliyle incelenmesi

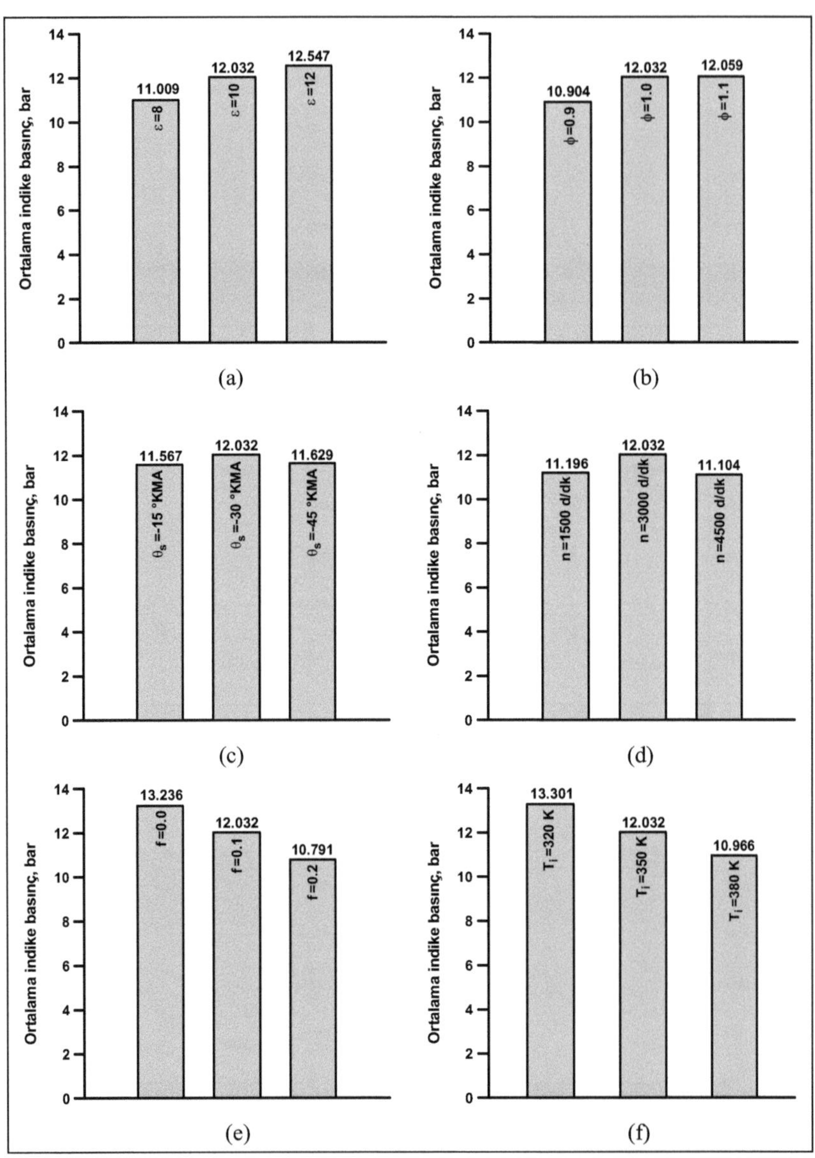

Şekil 19. Ortalama indike basınç değerlerinin a) sıkıştırma oranına, b) ekivalans oranına, c) ateşleme avansına, d) devir sayısına, e) artık egzoz gazları oranına ve f) sıkıştırma başlangıç sıcaklığına göre değişimlerinin Ferguson modeliyle incelenmesi

Şekil 20 (a)–(f)'de, sıkıştırma oranının ekserji bileşenleri üzerindeki etkilerinin incelenmesi için Ferguson modeliyle elde edilen sonuçlar verilmiştir. Isıyla transfer edilen ekserji yanma sürecinde artan sıkıştırma oranı ile artarken genişleme sürecinde düşüş göstermiştir. Bu değişim Şekil 18 (a)'da, verilen sıcaklıktaki değişimlerle doğrudan ilişkili ve uyumludur. İşle transfer edilen ekserji artan sıkıştırma oranına bağlı olarak sıkıştırma sürecinde sisteme dışarıdan iş verilmesi sebebiyle negatif yönde artmaktadır. Bu nedenle sıkıştırma oranı arttıkça sisteme dışarıdan daha fazla sıkıştırma işi verilmesi gereklidir. Buna karşın sıkıştırma oranının artması genişleme sürecince sistemden daha fazla faydalı iş elde edilmesini ve dolayısıyla işle transfer edilen ekserjinin artmasını sağlamaktadır. Şekil 18 (a)'da, verilen ortalama indike basınçtaki değişimler de işle transfer edilen ekserjideki bu değişimi desteklemektedir. Diğer taraftan artan sıkıştırma oranı tersinmezliklerin azalmasına neden olmuştur. Tersinmezliklerdeki bu azalma artan sıkıştırma oranı ile yanma sıcaklıklarındaki artıştan kaynaklanmaktadır. Caton [160] tarafından belirtildiği gibi tersinmezliklerin oluşumunda yanma işlemi en büyük paya sahiptir ve yanma işleminde sıcaklık yükseldikçe tersinmezlikler azalmaktadır. Diğer taraftan sıkıştırma oranının artışıyla yanma süresinin kısalması da tersinmezliklerin azalmasındaki diğer bir etkendir. Termomekanik ekserji, basınç ve sıcaklığa bağlı olduğundan sıkıştırma oranının artması yanma sürecinde basınç ve sıcaklığı artırarak daha yüksek termomekanik ekserji değerleri ortaya çıkmasına neden olmakta, genişleme sürecinde ise Şekil 18 (a)'da, verilen sıcaklık değişimlerine paralel olarak termomekanik ekserji sıkıştırma oranın artmasıyla bir miktar azalmaktadır. Sıkıştırma oranının çevrime giren yakıt ekserjisi üzerinde bir etkisinin olmadığı şekilden açıkça görülmektedir. Sadece değişen sıkıştırma oranıyla yanma süresinin değişmesi, yanma sürecinde yakıt ekserjisinin değişimine etki etmektedir. Toplam ekserjideki değişim termomekanik ve kimyasal ekserji değişiminin ortak bir karakteristiğini yansıtmakta ve sıkıştırma oranı arttıkça egzozdan atılan ekserji miktarı azalmaktadır.

Şekil 21 (a)–(f)'de, ekivalans oranının çevrimin ekserji bileşenleri üzerindeki etkilerinin incelenmesi için Ferguson modeliyle elde edilen sonuçlar verilmiştir. Şekillerden görüldüğü gibi yanma sürecinde zengin karışıma ait değerler çok az yüksek olmakla birlikte, stokiometrik ve zengin karışımlar için ısıyla transfer edilen ekserji değerleri birbirine oldukça yakındır. Genişleme sürecinde ise stokiometrik karışım için ısıyla transfer edilen ekserji maksimum değerlere ulaşmıştır. Fakir karışım kullanıldığında ise en düşük değerlere ulaşılmıştır. Bu değişimler Şekil 18 (b)'de, verilen sıcaklık değişimlerine bağlı olarak açıklanabilir. Zengin karışım maksimum yanma sıcaklıklarını verirken stokiometrik karışım genişleme sürecinde daha yüksek sıcaklıklar vermiştir. Fakir karışım ise her iki süreçte de en düşük sıcaklık değerlerine sahiptir. Sıcaklıklardaki bu değişimler doğrudan ısıyla transfer edilen ekserji değişimlerine yansımaktadır. İşle transfer edilen ekserji stokiometrik ve zengin karışım için çok yakın değerler alırken, fakir karışıma ait değerler beklendiği gibi daha düşüktür. Fakir karışımla çalışma durumunda çevrime sokulan yakıt miktarı stokiometrik olarak gerekenden az olduğundan çevrimden elde edilen iş de düşük olmaktadır. Zengin karışım kullanıldığında ise silindire fazladan sokulan yakıt, silindir içerisinde yeterli hava bulunmadığından yakılamamakta ve stokiometrik karışıma göre işte kayda değer bir artış olmamaktadır. İşle transfer edilen ekserjideki değişimler Şekil 19 (b)'de, verilen ortalama indike basınç değerlerine uygunluk göstermektedir. Tersinmezlikler ise ekivalans oranının artmasıyla artış göstermektedir. Tersinmezliklerdeki bu değişim Caton [160] tarafından silindir içerisinde bulunan karışımın yapısına ve yanma işlemi sırasında açığa çıkan maddelerin yapısına dayalı olarak açıklanmaktadır. Caton'a göre ekivalans oranının artmasıyla yanma sonunda ortaya çıkan maddelerin miktarı ve türleri artarak tersinmezliklerin artmasına neden olmaktadır. Basınç ve sıcaklığın bir fonksiyonu olan termomekanik ekserji ise Şekil 18 (b) ve 19 (b)'de, verilen sıcaklık ve ortalama indike basınç değişimlerine uygun bir değişim göstermektedir, stokiometrik ve zengin karışımlar birbirine yakın değerler verirken fakir karışım kullanıldığında daha düşük değerler ortaya çıkmıştır. Yakıt ekserjisi ekivalans oranının artmasına paralel olarak artmıştır. Böylece zengin karışım için silindir içerisinde en yüksek yakıt ekserjisi, stokiometrik ve fakir karışımla daha düşük yakıt ekserjisi değerleri elde edilmiş, ancak şekilde görüldüğü gibi zengin karışım (ϕ>1.0) kullanıldığında yakıtın tamamı yakılamadığı için bir miktar yakıt ekserjisi faydalı işe dönüştürülemeden sistemden atılmıştır. Toplam ekserjideki değişim ise termomekanik ve yakıt ekserjilerindeki değişimlere paralellik göstermektedir. Toplam ekserji değişiminden görülen diğer bir sonuç ise artan ekivalans oranı ile egzozdan atılan ekserji miktarının arttığı şeklindedir.

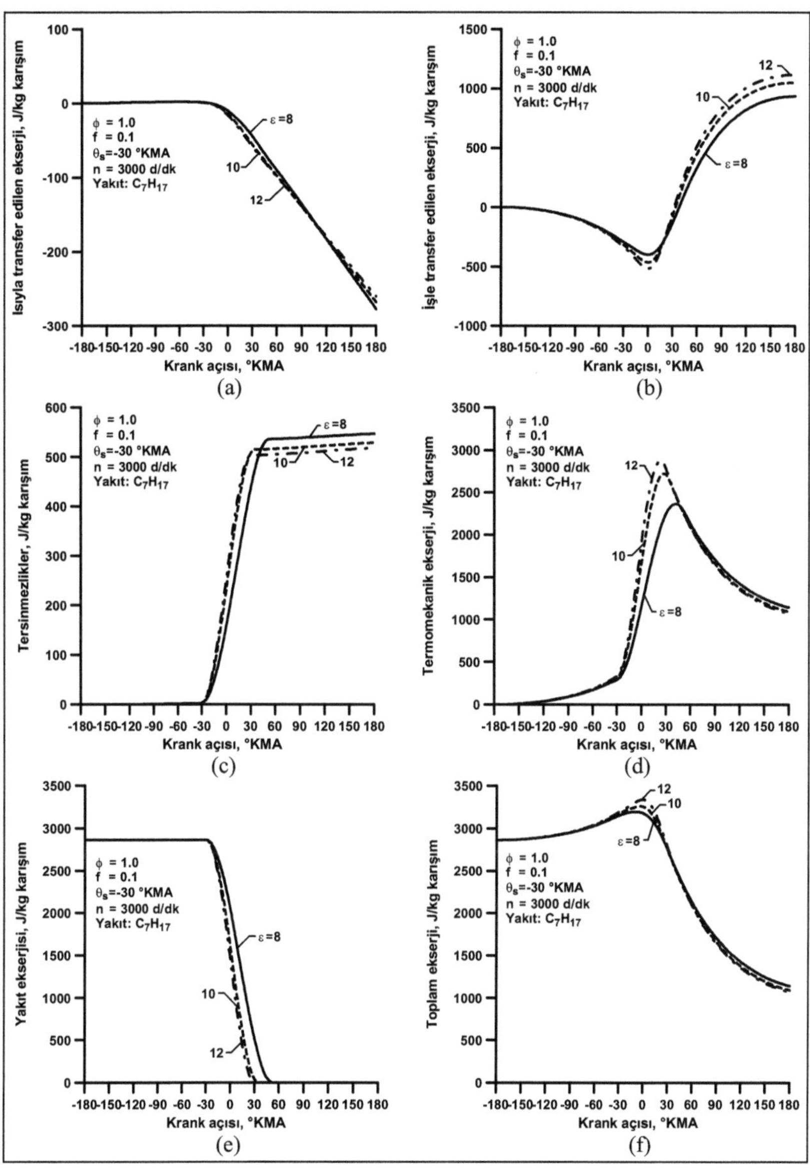

Şekil 20. Sıkıştırma oranının a) ısıyla transfer edilen ekserji, b) işle transfer edilen ekserji, c) tersinmezlikler, d) termomekanik ekserji, e) yakıt ekserjisi ve f) toplam ekserji üzerindeki etkilerinin Ferguson modeliyle incelenmesi

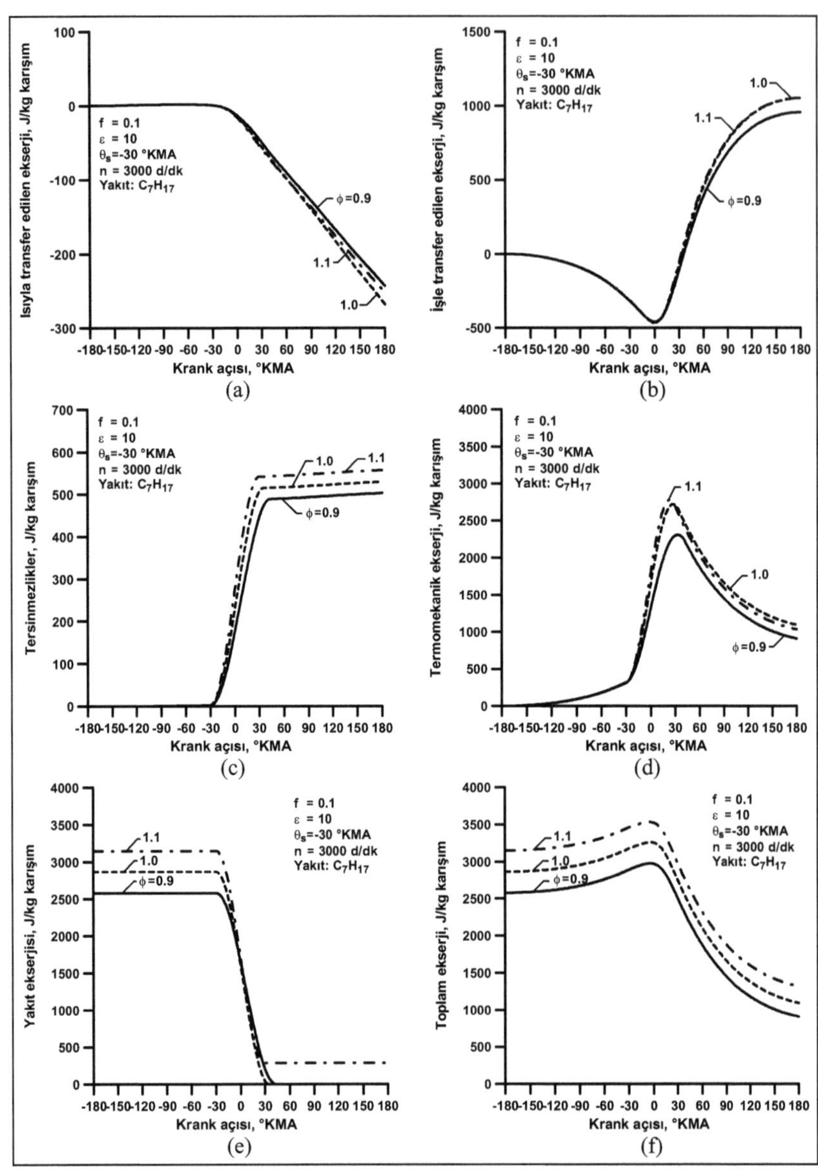

Şekil 21. Ekivalans oranının a) ısıyla transfer edilen ekserji, b) işle transfer edilen ekserji, c) tersinmezlikler, d) termomekanik ekserji, e) yakıt ekserjisi ve f) toplam ekserji üzerindeki etkilerinin Ferguson modeliyle incelenmesi

Şekil 22 (a)–(f)'de, ateşleme avansının çevrimin ekserji bileşenleri üzerindeki etkilerinin incelenmesi için Ferguson modeliyle elde edilen sonuçlar verilmiştir. Şekillerden gibi ısıyla transfer edilen ekserji değerlerinin artan ateşleme avansıyla arttığı görülmektedir. Bu değişim Şekil 18 (c)'de, verilen sıcaklık değişimlerine ve yanma sürelerine bağlı olarak açıklanabilir. Ateşleme avansının arttırılması yanma işleminin daha erken tamamlanmasına ve Şekil 18 (c)'de, görüldüğü gibi yanma sürecinde sıcaklığın artmasına neden olmaktadır. Sıcaklığın artması ısı transferinin artmasına ve yanmanın erken tamamlanması da ısı transferi süresinin uzamasına neden olarak ısıyla transfer edilen ekserjiyi artırmaktadır. Ateşleme avansının artırılması silindir içerisinde basıncın erken yükselmesine neden olarak sıkıştırma sürecinde işle transfer edilen ekserjiyi arttırmaktadır. Böylece ateşleme avansının artması sistemde ihtiyaç duyulan sıkıştırma işini artırmaktadır. Genişleme sürecinde ise işle transfer edilen ekserji ateşleme avansının θ_s=-30°KMA değeri için maksimum değerlere ulaşmıştır. Ateşleme avansının daha fazla artırılması ise işle transfer edilen ekserjide düşüşe neden olmuştur. Diğer taraftan -30°KMA ateşleme avansı değeri için en düşük tersinmezlik değerleri ortaya çıkmıştır. Bu durum belirli çalışma koşulları için ateşleme avansının optimum bir değerinin olduğunu açıkça göstermektedir. Termomekanik ekserji ise sıkıştırma ve yanma sürecinde artan ateşleme avansı ile artarken genişleme sürecinde ise azalmaktadır, bu durum Şekil 18(c) ve Şekil 19(c)'de verilen sıcaklık ve ortalama indike basınç değişimlerine bağlı olarak açıklanabilir. Yakıt ekserjisi ise ateşleme avansının değişiminden etkilenmemiştir. Ateşleme avansının değişimi toplam ekserji değişimini önemli ölçüde etkilememiş olduğu şekilden görülmektedir. Bununla birlikte θ_s=-30°KMA ateşleme avansı değeri için egzozdan atılan ekserji minimum değere ulaşmıştır.

Şekil 23 (a)–(f)'de, devir sayısının çevrimin ekserji bileşenleri üzerindeki etkilerinin incelenmesi için Ferguson modeliyle elde edilen sonuçlar verilmiştir. Şekillerden görüldüğü gibi ısıyla transfer edilen ekserji artan devir sayısı ile azalmaktadır. Bu durum Şekil 18 (d)'de, görüldüğü gibi düşük devir sayısının daha yüksek yanma sıcaklıkları vermesinden ve düşük devir sayılarında motorun yavaş çalışması nedeniyle ısı transfer süresinin uzamasından kaynaklanmaktadır. İşle transfer edilen ekserji, sıkıştırma sürecinde en düşük devir sayısında maksimum iken genişleme sürecinde n=3000 d/dk için en yüksek değerlere ulaşmıştır. Yüksek devir sayısında ise işle transfer edilen ekserjide düşüş meydana gelmiş, düşük ve yüksek devir sayıları yaklaşık aynı değerleri vermiştir, bu değişimler Şekil 19 (d)'de, verilen ortalama indike basınç değişimleriyle açıklanabilir.

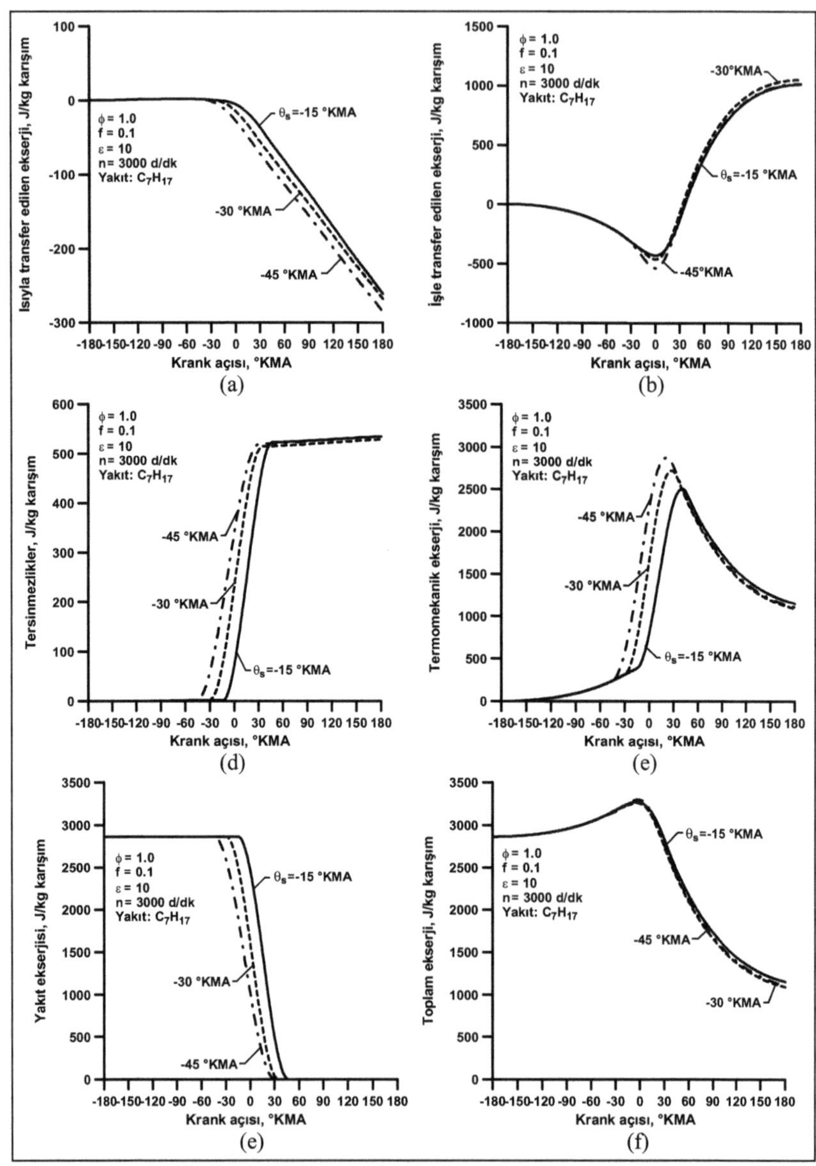

Şekil 22. Ateşleme avansının a) ısıyla transfer edilen ekserji, b) işle transfer edilen ekserji, c) tersinmezlikler, d) termomekanik ekserji, e) yakıt ekserjisi ve f) toplam ekserji üzerindeki etkilerinin Ferguson modeliyle incelenmesi

İşle transfer edilen ekserjiye benzer şekilde n=3000 d/dk için en düşük tersinmezlik değerleri elde edilmiş diğer devir sayılarında ise daha yüksek tersinmezlik değerleri ortaya çıkmıştır. Bu durum n=3000 d/dk devir sayısının optimum çalışma koşulu olduğunu göstermektedir. Termomekanik ekserji Şekil 18(d) ve 19(d)'de, verilen sıcaklık ve ortalama indike basınç değişimlerine paralel bir değişim göstermektedir. Termomekanik ekserji düşük devir sayısında piston üst ölü noktaya ulaşmadan önce hızlı bir şekilde artmıştır. Diğer taraftan, devir sayısının silindire giren yakıt ekserjisi üzerinde herhangi bir etkisi bulunmamaktadır. Ancak devir sayısına bağlı olarak yanma süresinin değişmesi yanma sürecinde yakıt ekserjisinin değişimini etkilemektedir. Toplam ekserji, termomekanik ve yakıt ekserjilerinin ortak karakteristiğini göstermekte ve artan devir sayısı ile egzozdan atılan ekserji miktarı da artmaktadır.

Şekil 24 (a)–(f)'de, artık egzoz gazları oranının çevrimin ekserji bileşenlerinin değişimine etkilerinin incelenmesi için Ferguson modeliyle elde edilen sonuçlar verilmiştir. Şekillerde görüldüğü gibi ısıyla transfer edilen ekserji artan artık egzoz gazları oranı ile azalmaktadır. Bir önceki çevrimden kalan artık egzoz gazlarının ısı çekme özelliğinden dolayı Şekil 18 (f)'de, görüldüğü gibi sıcaklık düşmekte, böylece transfer edilen ısı miktarı ve dolayısıyla ısıyla transfer edilen ekserji azalmaktadır. Benzer şekilde işle transfer edilen ekserji de artık egzoz gazları oranının artmasıyla azalmıştır. Silindir içerisinde sıcaklığın düşmesine bağlı olarak basınç da azalmakta ve Şekil 19 (f)'de, görüldüğü gibi daha düşük ortalama indike basınç değerleri elde edilmektedir. Bunun sonucunda çevrimden elde edilen iş ve işle transfer edilen ekserji de azalmaktadır. Diğer taraftan tersinmezlikler azalan artık egzoz gazları oranı ile artış göstermiştir. Karışım içerisinde artık gaz oranın artması, yanma sonunda ortaya çıkan maddelerin bileşiminin ve miktarının değişmesine neden olarak, ekivalans oranıyla ilgili açıklamalar da belirtildiği gibi tersinmezlikleri azaltmaktadır [160]. Termomekanik ekserji tahmin edilebileceği gibi artan artık egzoz gazları oranı ile azalmıştır. Artık egzoz gazları oranının artması silindir içerisinde basınç ve sıcaklığın düşmesine ve böylece termomekanik ekserjinin azalmasına neden olmaktadır. Yakıt ekserjisi artık egzoz gazları oranının artmasıyla ters orantılı olarak azalmıştır. Silindir hacminin sabit olması sebebiyle karışım içerisinde artık egzoz gazları oranının artması silindire giren yakıt miktarının ve yakıt ekserjisinin azalmasına neden olmaktadır. Toplam ekserjideki değişim termomekanik ve yakıt ekserjilerindeki değişimlerin bileşimini yansıtmaktadır ve artık egzoz gazları oranın artmasıyla egzozdan atılan ekserji azalmaktadır.

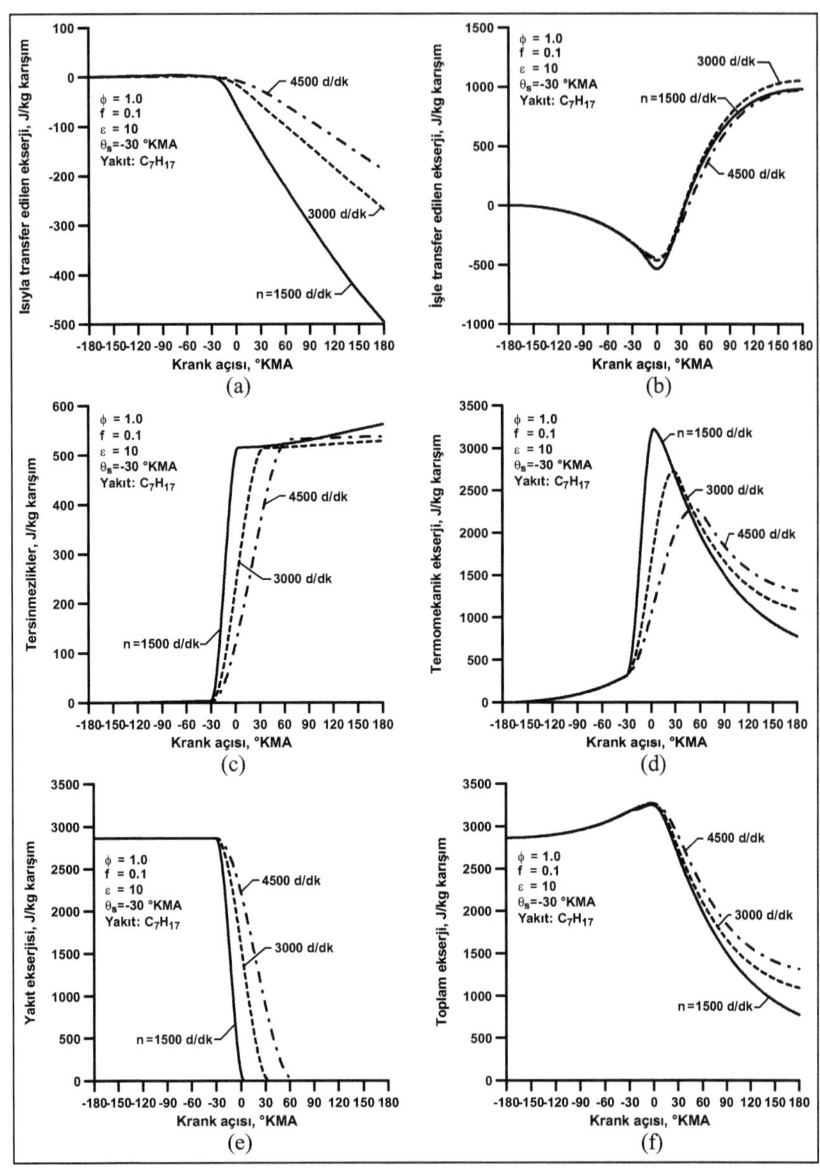

Şekil 23. Devir sayısının a) ısıyla transfer edilen ekserji, b) işle transfer edilen ekserji, c) tersinmezlikler, d) termomekanik ekserji, e) yakıt ekserjisi ve f) toplam ekserji üzerindeki etkilerinin Ferguson modeliyle incelenmesi

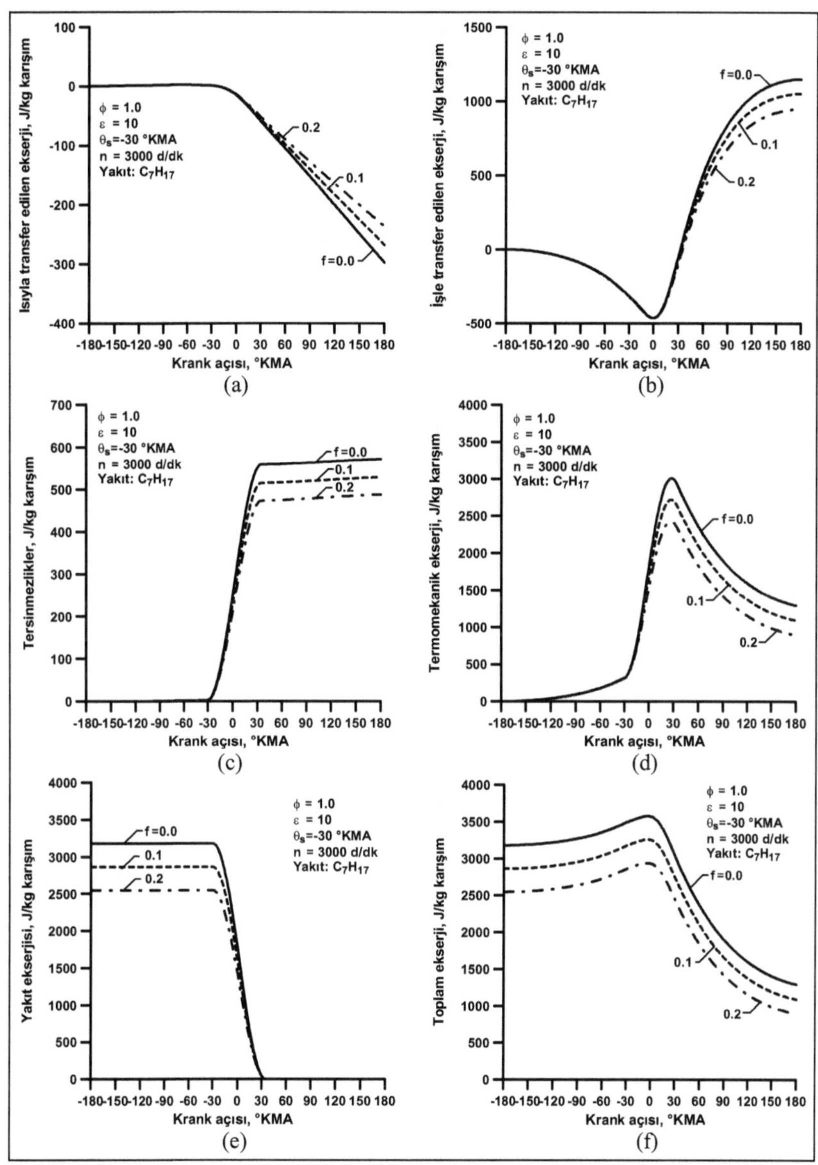

Şekil 24. Artık egzoz gazları oranının a) ısıyla transfer edilen ekserji, b) işle transfer edilen ekserji, c) tersinmezlikler, d) termomekanik ekserji, e) yakıt ekserjisi ve f) toplam ekserji üzerindeki etkilerinin Ferguson modeliyle incelenmesi

Şekil 25 (a)–(f)'de, emme sonu (sıkıştırma başlangıç) sıcaklığının çevrimin ekserji bileşenleri üzerindeki etkilerinin incelenmesi için Ferguson modeliyle elde edilen sonuçlar verilmiştir. Şekillerden görüldüğü gibi ısıyla transfer edilen ekserji artan sıkıştırma başlangıç sıcaklığı ile artmıştır. Sıkıştırma başlangıç sıcaklığının artması Şekil 18 (f)'de, görüldüğü gibi yanma sonu sıcaklığının artmasına neden olarak ısı transferini ve dolayısıyla ısıyla transfer edilen ekserjiyi arttırmaktadır. İşle transfer edilen ekserji ise sıkıştırma başlangıç sıcaklığının artmasıyla Şekil 19 (f)'de, verilen ortalama indike basınç değişimine paralel olarak bir miktar azalmıştır. Isı transferinin artması silindirde var olan ekserjisinin azalmasına ve böylece üretilen işin ve işle transfer edilen ekserjinin düşmesine neden olmaktadır. Tersinmezlikler ise artan sıkıştırma başlangıç sıcaklığına bağlı olarak azalmıştır. Artan sıkıştırma başlangıç sıcaklığı, daha önce de belirtildiği gibi yanma sonu sıcaklıklarının artmasına neden olarak, tersinmezlikleri azaltmaktadır. Termomekanik ekserji beklenen şekilde artan sıkıştırma başlangıç sıcaklığı ile artmıştır. Termomekanik ekserjinin artışı Şekil 18 (f)'de verilen yanma sıcaklıklarındaki değişime bağlı olarak açıklanabilir. Yakıt ekserjisi ise sıkıştırma başlangıç sıcaklığının değişiminden etkilenmemektedir. Toplam ekserjideki değişim ise termomekanik ekserji ve yakıt ekserjisindeki değişimlere paralellik göstermekte ve sıkıştırma başlangıç sıcaklığının artışı egzozdan atılan ekserjiyi arttırmaktadır.

Şekil 26'da, incelenen sıkıştırma oranı değerleri için ekserji terimlerinin yakıt ekserjisi içerisindeki dağılımları verilmiştir. Şekillerden görüldüğü gibi artan sıkıştırma oranı ile işle transfer edilen ekserjinin yakıt ekserjisi içindeki payı artarken, ısıyla transfer edilen ekserjinin, tersinmezliklerin ve egzozdan atılan ekserjilerin payları azalmaktadır. Sıkıştırma oranının değişimi işle transfer edilen ekserjide ve egzozdan atılan ekserjide daha büyük değişimler meydana getirmiştir. ε=8 durumu ile karşılaştırıldığında işle transfer edilen ekserji ε= 10 ve ε= 12 için sırasıyla %4.06 ve %6.33 oranlarında artmış, tersinmezlikler ise %0.63 ve %1 oranlarında azalmıştır.

Şekil 27'de, incelenen ekivalans oranı değerleri için ekserji bileşenlerinin yakıt ekserjisi içerisindeki dağılımları verilmiştir. Şekiller incelendiğinde, ekivalans oranı arttıkça egzozdan atılan ekserji oranı artarken, ısıyla transfer edilen ekserji, tersinmezlikler ve işle transfer edilen ekserji oranları azalmaktadır. Buradaki değerler ilk bakışta Şekil 21'deki sonuçlarla çelişkili gibi gözükmektedir.

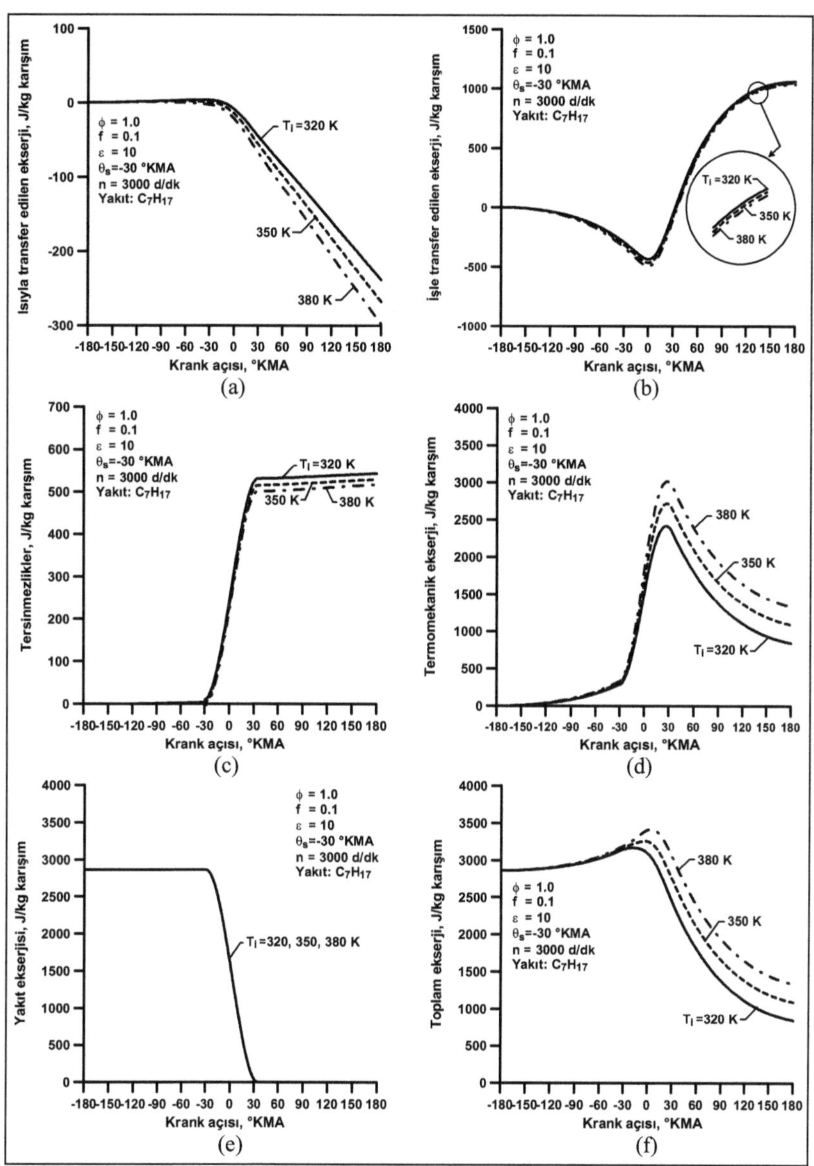

Şekil 25. Sıkıştırma başlangıç sıcaklığının a) ısıyla transfer edilen ekserji, b) işle transfer edilen ekserji, c) tersinmezlikler, d) termomekanik ekserji, e) yakıt ekserjisi ve f) toplam ekserji üzerindeki etkilerinin Ferguson modeliyle incelenmesi

Ancak Şekil 21'de, görüldüğü gibi ekivalans oranının artmasıyla yakıt ekserjisinin artışı yüzde oranlarının bu şekilde ortaya çıkmasına neden olmuştur ve literatürle uygunluk içindedir [129, 160]. Şekil 21'de, görüldüğü gibi tersinmezliklerin ve işle transfer edilen ekserjinin gerçek değerinin ekivalans oranının artışı ile artmasına karşın yakıt ekserjisi içindeki oranı azalmıştır. Yakıt ekserjisi ϕ=0.9 ekivalans oranı ile karşılaştırıldığında ϕ=1.0 ve ϕ=1.1 için sırasıyla %11.1 ve %22.2 oranında lineer olarak artış göstermiştir.

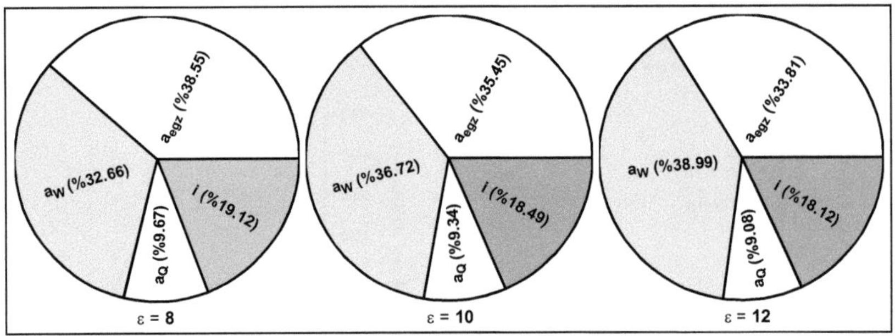

Şekil 26. Sıkıştırma oranının yakıt ekserjisinin dağılımı üzerine etkilerinin Ferguson modeliyle incelenmesi

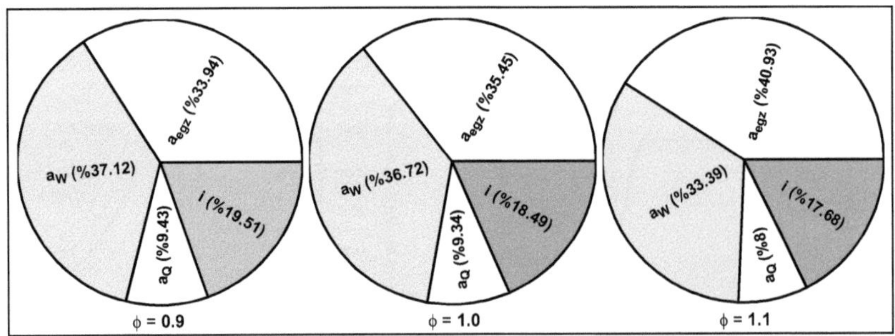

Şekil 27. Ekivalans oranının yakıt ekserjisinin dağılımı üzerine etkilerinin Ferguson modeliyle incelenmesi

Şekil 28'de, incelen ateşleme avansı değerleri için yakıt ekserjisinin ekserji terimleri arasındaki dağılımları verilmiştir. Şekillerden görüldüğü gibi θ_s=-30°KMA için işle transfer edilen ekserji oranı maksimum değerine ulaşırken tersinmezlikler ve egzozdan atılan ekseri oranları en düşük değerlerini almıştır. Diğer ateşleme avansı değerlerinde ise işle transfer edilen ekserji oranı azalırken tersinmezliklerin ve egzozdan atılan ekserjinin oranları artmaktadır. Isıyla transfer edilen ekserji oranı ise artan ateşleme avansı ile artmıştır. θ_s=-30°KMA durumu ile karşılaştırıldığında işle transfer edilen ekserji θ_s=-15°KMA ve θ_s=-45°KMA için sırasıyla %1.43 ve %1.24 oranlarında azalmış, tersinmezlikler ise %0.2 ve %0.22 oranlarında artmıştır.

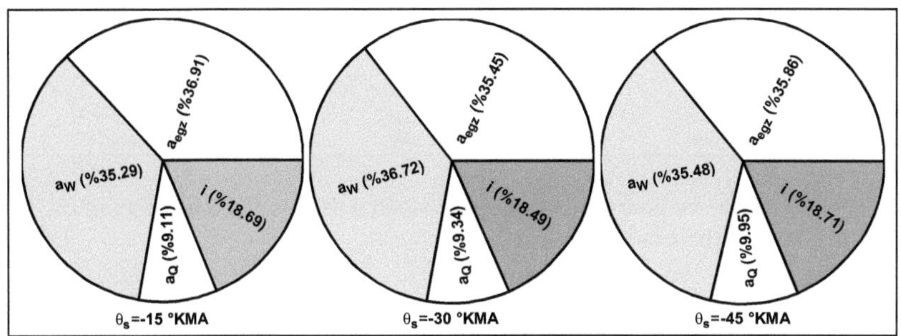

Şekil 28. Ateşleme avansının yakıt ekserjisinin dağılımı üzerine etkilerinin Ferguson modeliyle incelenmesi

Şekil 29'da, incelen devir sayıları için yakıt ekserjisinin ekserji bileşenleri arasındaki dağılımları verilmiştir. Şekiller incelendiğinde, ısıyla transfer edilen ekserji ve egzozdan atılan ekserji oranlarının artan devir sayısı ile arttığı, n=3000 d/dk için işle transfer edilen ekserji oranının maksimum, tersinmezlikler oranının ise minimum değerler aldığı görülmektedir. Diğer devir sayılarında ise işle transfer edilen ekserjinin payı azalırken, tersinmezliklerin payı ise artmıştır. n=3000 d/dk ile karşılaştırıldığında, işle transfer edilen ekserji n=1500 d/dk ve n=4500 d/dk için sırasıyla %2.55 ve %2.84 oranlarında azalmış, tersinmezlikler ise %1.17 ve %0.32 oranlarında artmıştır.

Şekil 30'da, incelen artık egzoz gazları oranları için yakıt ekserjisinin ekserji terimleri arsındaki dağılımları verilmiştir. Şekillerden artık gaz oranı arttıkça, ısıyla transfer edilen ekserji ve egzozdan atılan ekserji oranlarının azaldığı görülmektedir. Burada da Şekil 26'da, verilen ekivalans oranları ile ilgili olarak bahsedilen durum söz konusudur. Şekil 23'de, görüldüğü gibi işle transfer edilen ekserji artan artık gaz oranı ile azalırken yüzde oranlarında artış meydana gelmiştir. Bu değişim artık egzoz gazları oranına bağlı olarak Şekil 23'de, görüldüğü gibi yakıt ekserjisinin değişiminden kaynaklanmaktadır. f=0.0

durumu ile karşılaştırıldığında, yakıt ekserjisi f=0.1 ve f=0.2 için %10 ve %20 oranlarında azalmıştır.

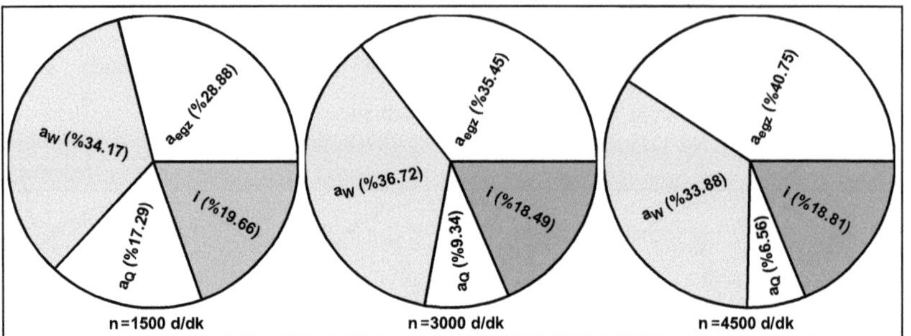

Şekil 29. Devir sayısının yakıt ekserjisinin dağılımı üzerine etkilerinin Ferguson modeliyle incelenmesi

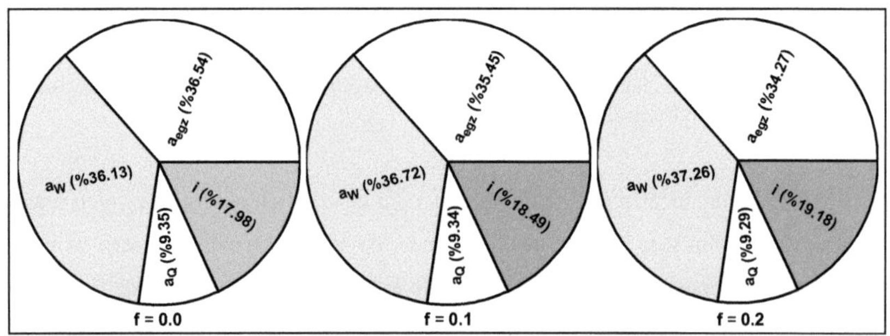

Şekil 30. Artık egzoz gazları oranının yakıt ekserjisinin dağılımı üzerine etkilerinin Ferguson modeliyle incelenmesi

Şekil 31'de, incelenen sıkıştırma başlangıç sıcaklıkları için yakıt ekserjisinin ekserji bileşenleri arasındaki dağılımları verilmiştir. Şekillerden görüldüğü gibi sıkıştırma başlangıç sıcaklığı arttıkça ısıyla transfer edilen ekserji oranı artarken, işle transfer edilen ekserji, tersinmezlikler ve egzozdan atılan ekserji oranları azalmaktadır. Sıkıştırma başlangıç sıcaklığında 30 K'lik bir artış, işle transfer edilen ekserjide %0.39 ve tersinmezliklerde %0.4 oranında bir düşüşe neden olmaktadır.

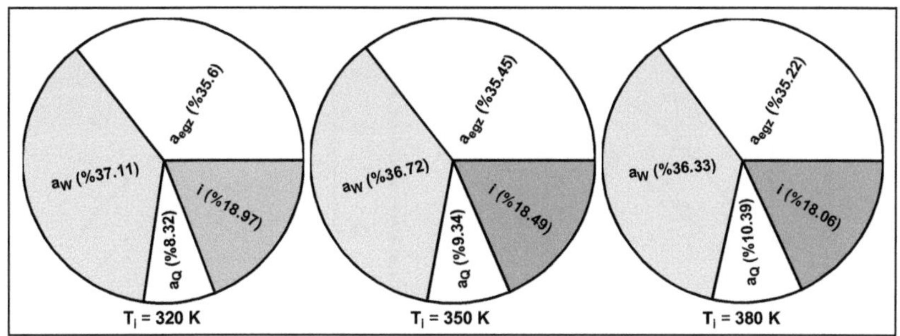

Şekil 31. Emme sonu sıcaklığının yakıt ekserjisinin dağılımı üzerine etkilerinin Ferguson modeliyle incelenmesi

Şekil 32 (a)–(f)'de, incelenen çevrim parametrelerinin birinci ve ikinci kanun verimlerine etkilerinin incelenmesi için Ferguson modeliyle elde edilen sonuçlar verilmiştir. Şekillerden görüldüğü gibi birinci ve ikinci kanun verimleri belirli bir sıkıştırma oranına kadar hızlı bir şekilde arttıktan sonra artışta azalma meydana gelmektedir. Bu durum verim ifadelerinden görüleceği gibi belli bir sıkıştırma oranı değerinden sonra çevrimden elde edilen iş değişiminden kaynaklanmaktadır. Ekivalans oranının ϕ=0.9 değeri civarında birinci ve ikinci kanun verimleri en yüksek değerlerine ulaşmıştır. Literatürde de belirtildiği gibi [38] stokiometrikten biraz fakir karışım değeri buji ateşlemeli motorlar için en verimli karışım oranını vermektedir. Diğer taraftan yaklaşık n= 3000 d/dk için en iyi verim değerleri elde edilmiştir. Benzer şekilde ateşleme avansının θ_s=-30°KMA değeri civarında maksimum verim değerleri ortaya çıkmıştır. Bu durum verilen çalışma koşullarında devir sayısı ve ateşleme avansının optimum değerlerinin bulunduğunu göstermektedir. Artık egzoz gazları oranının ve sıkıştırma başlangıç sıcaklığının birinci ve ikinci kanun verimleri üzerindeki etkilerinin diğer çevrim parametrelerine göre daha az olduğu şekillerde görülmektedir. Verim değerleri artık gaz oranının artışıyla artarken, emme sonu sıcaklığının artmasıyla azalmaktadır.

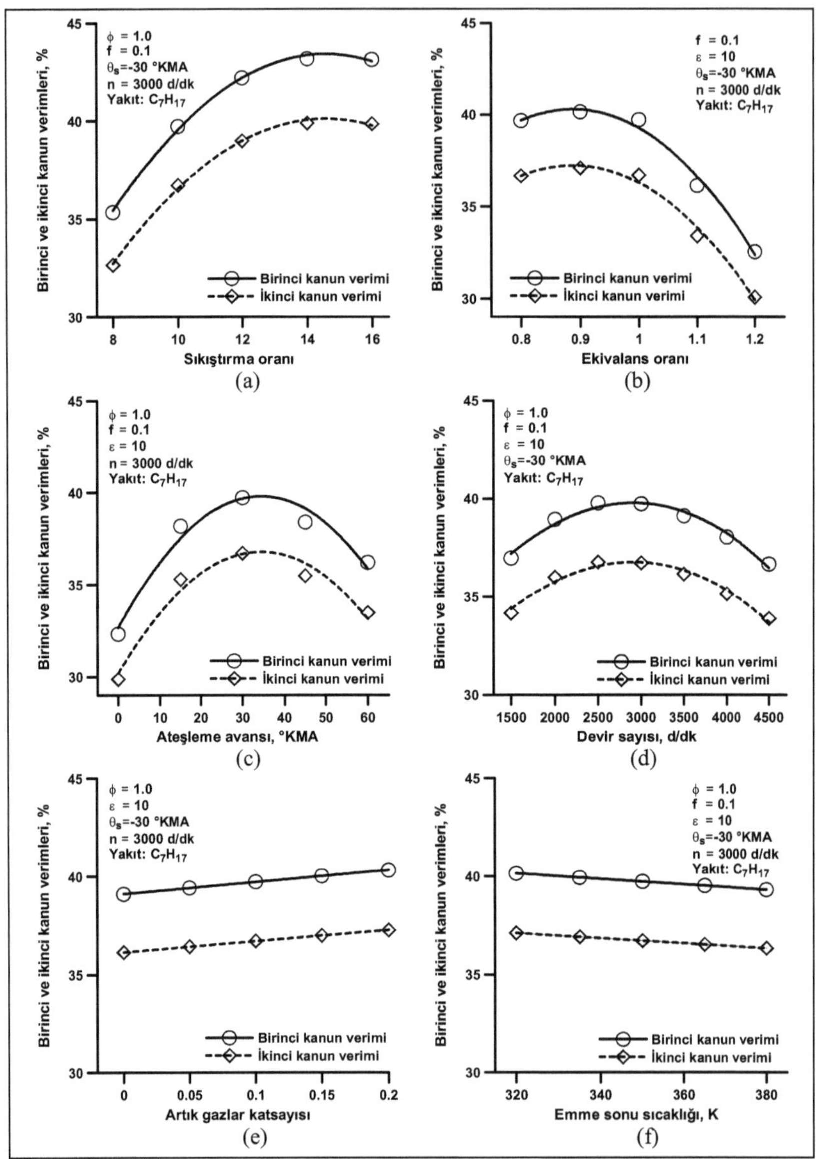

Şekil 32. Birinci ve ikinci kanun verimlerinin a) sıkıştırma oranına, b) ekivalans oranına, c) ateşleme avansına, d) devir sayısına, e) artık egzoz gazları oranına ve f) sıkıştırma başlangıç sıcaklığına göre değişimlerinin Ferguson modeliyle incelenmesi

3.2 Sanki Boyutlu Modelle Elde Edilen Sonuçlar

3.2.1 Modelin Güvenirliliğinin Kontrolü

Teorik çalışma kısmında anlatılan yaklaşımlar altında kurulmuş olan sanki boyutlu termodinamik modelle ilgili sayısal hesaplamaların gerçekleştirilmesi için Fortran programlama dilinde bir program yazılmıştır. Modelin ve program sonuçlarının güvenirliliğinin kontrolü için literatürden alınan teorik ve deneysel verilerle karşılaştırmalar yapılmış ve elde edilen sonuçlar aşağıda grafikler şeklinde verilmiştir.

Şekil 33 (a) ve (b)'de, sanki boyutlu modelin silindir basıncı ve kütlesel yanma oranı değerleri Ferguson [38] tarafından elde edilen sonuçlar ile karşılaştırılmıştır. Şekilden görüldüğü gibi sanki boyutlu modelle elde edilen sonuçlar yanma işlemi dışında Ferguson'un sonuçlarıyla uyum içindedir. Yanma işlemi sırasındaki farklılık Ferguson tarafından geliştirilen modelde yanma işleminin kosinüs yanma bağıntısı ile modellenmiş olmasından kaynaklanmaktadır. Sunulan sanki boyutlu modelde ise yanma işlemi daha ayrıntılı olarak modellenmiştir.

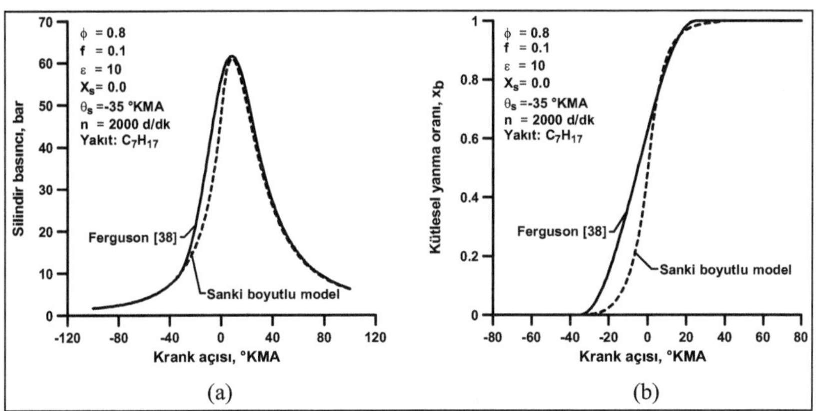

Şekil 33. Sanki boyutlu modelden elde edilen a) silindir basıncı ve b) kütlesel yanma oranı değerlerinin teorik verilerle karşılaştırılması

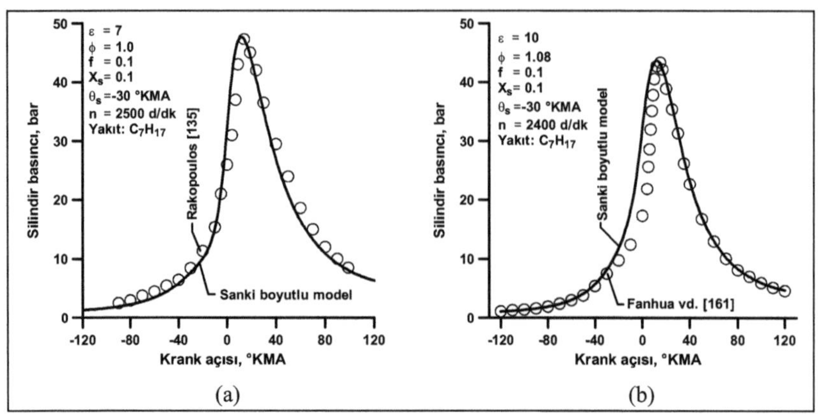

Şekil 34. Sanki boyutlu modelden elde edilen silindir basıncı değerlerinin deneysel verilerle karşılaştırılması

Şekil 34 (a) ve (b)'de, sunulan modelle elde edilen silindir basıncı değerlerinin deneysel verilerle karşılaştırmaları verilmiştir. Kullanılan programa deneysel verilerin alındığı motorların boyutları ve çalışma koşulları uygulanarak, modele ait veriler elde edilmiştir. Şekillerden görüldüğü gibi sunulan modelle elde edilen silindir basıncı değerleri deneysel verilerle uyum içindedir.

Şekil 35 (a) ve (b)'de, sanki boyutlu modelle elde edilen kütlesel yanma oranı değerlerinin literatürden alınan deneysel verilerle karşılaştırılması verilmiştir. Her iki veri grubu ile sanki boyutlu modelden elde edilen sonuçlar oldukça uyumludur. Şekil 33, 34 ve 35 ile ilgili değerlendirmeler sonucunda kullanılan sanki boyutlu modelin motor performans analizi çalışmalarında ve parametrik çalışmalarda kullanmak için yeterli güvenirliliğe ve duyarlılığa sahip olduğu söylenebilir. Şekil 33, 34 ve 35'te gösterilen sayısal ve deneysel verilerin alındığı motorların karakteristikleri ise Tablo 5'te verilmiştir.

Tablo 5. Sayısal ve deneysel verilerin elde edildiği motorların özellikleri

	ε	D [mm]	S [mm]	L_b [mm]	d_{iv} [mm]	L_{iv} [mm]	$X_s=R_s/R$
Motor I [38]	10	100	80	160	40	5	0.0
Motor II [135]	7	76.2	111.125	220	30	4.2	0.1
Motor III [161]	10	100	115	190	42	5	0.2
Motor IV [82]	5	63.5	76.2	127	25	4.8	0.3
Motor V [85]	9.9	83	74	122	33	4.4	0.0

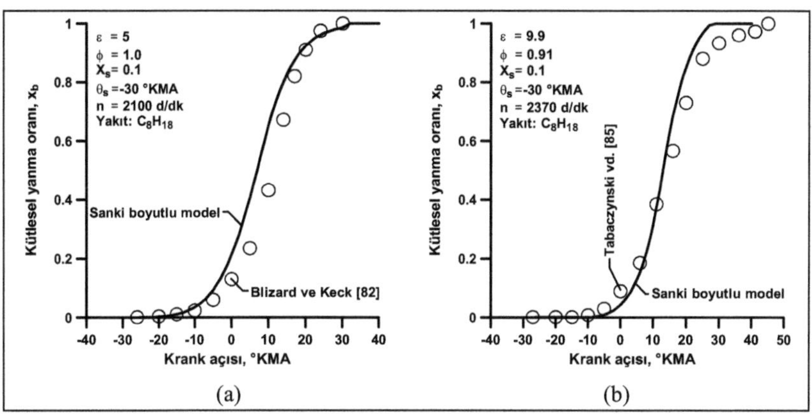

Şekil 35. Sanki boyutlu modelden elde edilen kütlesel yanma oranı değerlerinin deneysel verilerle karşılaştırılması

3.2.2 Ekserji Analizi Verilerinin Değerlendirilmesi

Sanki boyutlu çevrim modeli için oluşturulan bilgisayar programı kontrol edildikten sonra modele ekserji analiziyle ilgili yaklaşımlar eklenmiştir. Ekserji analizinde, buji konumu, sıkıştırma oranı gibi yapısal özelliklerin yanı sıra ekivalans oranı, ateşleme avansı, devir sayısı ve artık egzoz gazları oranı gibi çeşitli işletme parametrelerinin ekserji terimleri üzerindeki etkilerini incelemek amacıyla parametrik bir çalışma gerçekleştirilmiştir. Ekserji analizine yönelik bu parametrik çalışma özellikleri Tablo 4'te verilen motor ile gerçekleştirilmiş, elde edilen veriler aşağıda grafikler şeklinde verilmiş ve irdelemeler yapılmıştır.

Şekil 36 (a)–(f)'de, ekserji analizi verilerinin değerlendirilmesine destek sağlamak amacıyla sanki boyutlu modelle elde edilen yanmış ve yanmamış gaz sıcaklıklarının, sırasıyla bujinin silindir merkezinden boyutsuz uzaklığına (X_s), sıkıştırma oranına (ε), ekivalans oranına (ϕ), ateşleme avansına (θ_s), devir sayısına (n), ve artık egzoz gazları oranına (f) göre değişimleri verilmiştir. Şekillerden görüldüğü gibi bujinin silindir merkezine olan uzaklığının artması yanma süresinin uzamasına neden olduğundan yanma sürecinde sıcaklıkları düşürürken genişleme sürecinde sıcaklıklarda artışa neden olmuştur. Benzer şekilde sıkıştırma oranının artması yanma süresini kısaltarak yanma sürecinde sıcaklığı artırmakta ancak genişleme sürecinde daha düşük sıcaklıkların ortaya çıkmasına neden olmaktadır. Ekivalans oranının artışıyla silindire sokulan yakıt miktarının artması maksimum yanma sıcaklıklarında artış meydana getirmiş, genişleme sürecinde ise yakıt miktarının yanında yanma süresindeki değişimlere de bağlı olarak stokiometrik karışım kullanıldığında (ϕ=1.0), fakir (ϕ=0.9) ve zengin (ϕ=1.1) karışımlara göre daha yüksek sıcaklıklar oluşmuştur. Ateşleme avansının artırılması yanmanın erken başlaması neden olduğundan maksimum yanma sıcaklığında artış sağlarken, ateşlemenin geciktirilmesi durumunda yanma işleminin genişleme sürecine sarkması nedeniyle genişleme sürecinde daha yüksek sıcaklıklar ortaya çıkmaktadır. Devir sayısının değişmesinin sıcaklık değişimi üzerinde oldukça etkili olduğu şekilden görülmektedir. Devir sayısının artması maksimum yanma sıcaklığında düşüş meydana getirirken, devir sayısı arttıkça yanma süresinin uzaması genişleme sürecinde elde edilen sıcaklıkları arttırmaktadır. Artık egzoz gazları oranının artırılması ise silindire sokulabilecek taze dolgu miktarını dolayısıyla yakıt miktarını azalttığı için hem maksimum yanma sıcaklıklarının hem de genişleme boyunca elde edilen sıcaklıkların düşük değerler almasına neden olmuştur.

Şekil 37 (a)–(f)'de, ekserji analizi verilerinin değerlendirilmesini desteklemek amacıyla sanki boyutlu modelle elde edilen ortalama indike basınç değerlerinin, sırasıyla bujinin merkezden kaçıklığına (X_s), sıkıştırma oranına (ε), ekivalans oranına (ϕ), ateşleme avansına (θ_s), devir sayısına (n) ve artık egzoz gazları oranına (f) göre değişimleri verilmiştir. Şekiller incelendiğinde; bujinin silindir merkezinden uzaklaşmasıyla yukarıda belirtildiği gibi sıcaklıkların azalmasına paralel olarak ortaya çıkan basınç değerleri de azalmış ve böylece ortalama indike basınç değerlerinde düşüş olmuştur. Buna karşın aynı etkileşimle sıkıştırma oranının artmasıyla ortalama indike basınç değerlerinde artış meydana gelmektedir. Stokiometrik ve zengin karışımlar, zengin karışım kullanıldığında silindire sokulan fazla yakıt yakılamadığı için, yaklaşık aynı ortalama basınç değerlerine sahip olmuş, fakir karışım (ϕ=0.9) kullanıldığında çevrime sokulan yakıt miktarı azaldığı için daha düşük ortalama basınç değeri elde edilmiştir. Ateşleme avansının θ_s=-30°KMA değeri için maksimum ortalama indike basınç değeri elde edilirken diğer ateşleme avansı değerlerinde birbirine yakın ancak daha düşük değerler ortaya çıkmıştır. Benzer şekilde n=3000 d/dk için maksimum ortalama indike basınç değeri elde edilmiş, diğer devir sayılarında ise birbirine yakın ancak daha düşük değerler ortaya çıkmıştır. Artık egzoz gazları oranının artışı ise silindire alınan yakıt miktarının azalmasına neden olduğundan, ortalama indike basınç değerlerinin düzenli olarak azalmasına neden olmuş böylece artık egzoz gazı oranı arttıkça otalama indike basınç değerlerinde düşüş meydana gelmiştir.

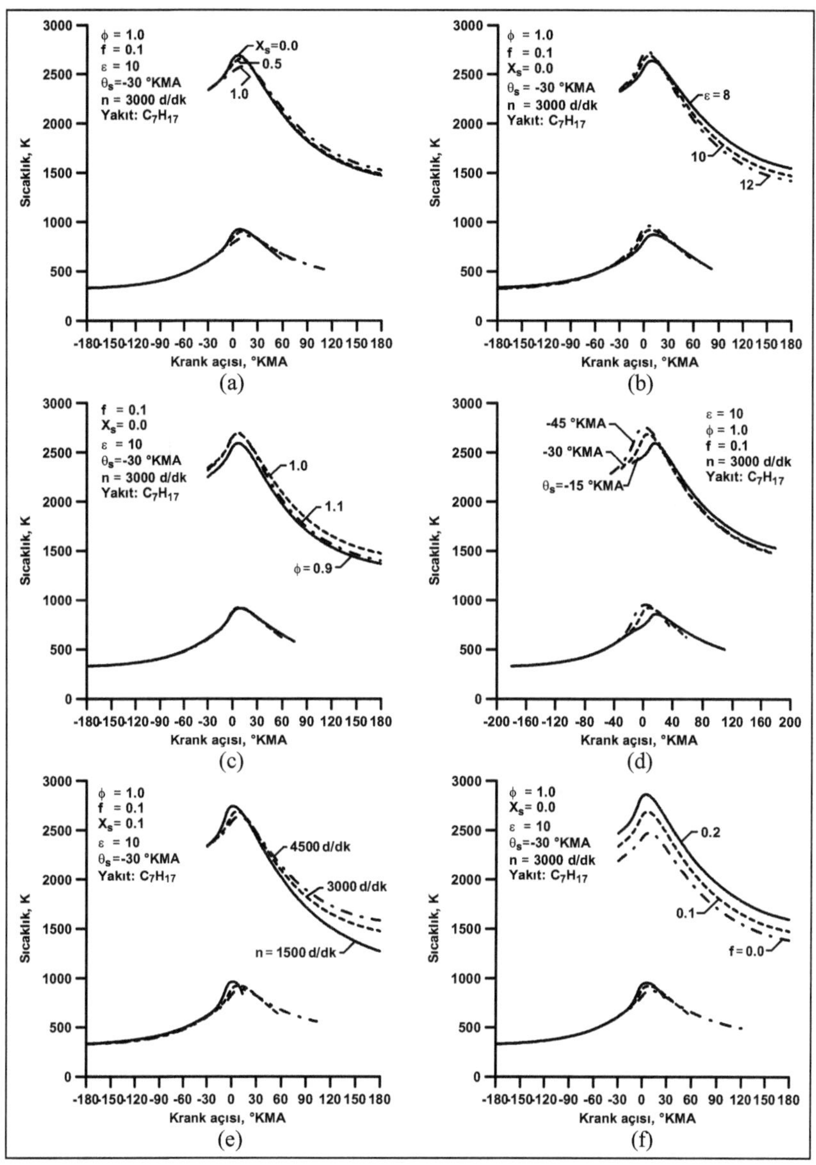

Şekil 36. Yanmış ve yanmamış gaz bölgesi sıcaklıklarının a) buji konumuna, b) sıkıştırma oranına, c) ekivalans oranına, d) ateşleme avansına, e) devir sayısına ve f) artık egzoz gazları oranına göre değişimlerinin sanki boyutlu modelle incelenmesi

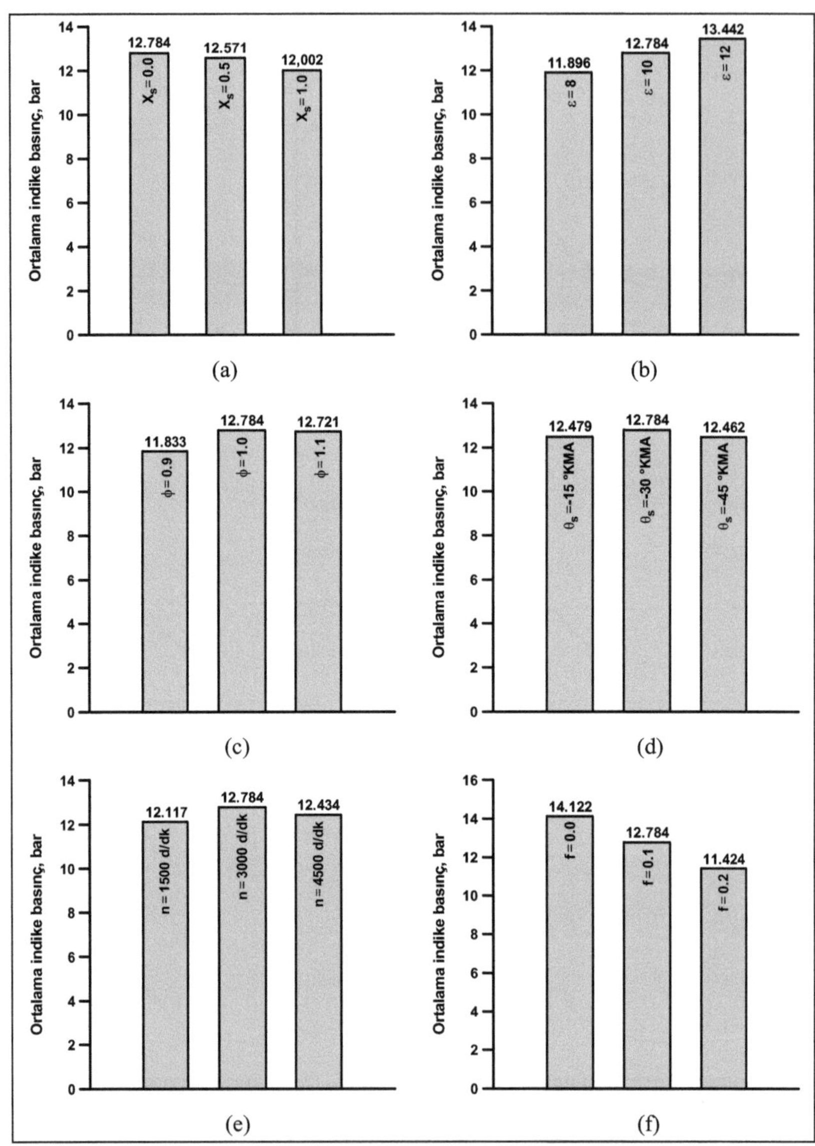

Şekil 37. Ortalama indike basınç değerlerinin a) buji konumuna, b) sıkıştırma oranına, c) ekivalans oranına, d) ateşleme avansına, e) devir sayısına ve f) artık egzoz gazları oranına göre değişimlerinin sanki boyutlu modelle incelenmesi

Şekil 38 (a)–(f)'de, buji konumunun ekserji terimleri üzerindeki etkilerini incelemek için sanki boyutlu modelle elde edilen sonuçlar verilmiştir. Şekillerden görüldüğü gibi ısıyla ve işle transfer edilen ekserji bujinin konumunun değiştirilmesinden önemli ölçüde etkilenmemiştir. Bununla birlikte bujinin merkezde olduğu durum (X_s=0.0) için ısıyla transfer edilen ekserji en düşük değerleri alırken işle transfer edilen ekserji en yüksek değerlere ulaşmıştır. Bu durum bujinin merkezden uzaklaşması ile yanma süresinin uzamasından kaynaklanmakta olup, Şekil 36 ve 37'de verilen sıcaklık değişimi ve ortalama indike basınç değişimleri ile de uygunluk göstermektedir. Diğer taraftan, tersinmezlikler bujinin merkezden uzaklaşmasıyla az miktarda artış göstermiştir. Şekil 37'de görüldüğü gibi bujinin merkezden uzaklaşması yanma sıcaklıklarını düşürerek tersinmezliklerin artmasına neden olmaktadır. Bujinin merkezden uzaklaştırılması basınç ve sıcaklığın bir fonksiyonu olan termomekanik ekserjide de düşüş meydana getirmiştir. Silindire giren yakıt ekserjisi ise buji konumunun değişiminden etkilenmemiş ancak yanma süresinin değişimi yakıt ekserjisinin değişimi üzerinde etkili olmuştur. Toplam ekserji değişimine bakıldığında, bujinin merkezden uzaklaşmasıyla yanma işlemin uzaması sebebiyle genişleme sürecinde ekserjide bir miktar artış meydana geldiği, ancak ekserjideki bu artışın faydalı iş olarak değerlendirilemeden egzoz gazlarıyla dışarı atıldığı görülmektedir.

Şekil 39 (a)–(f)'de, sıkıştırma oranının ekserji terimleri üzerindeki etkilerini incelemek için sanki boyutlu modelle elde edilen sonuçlar verilmiştir. Şekillerden görüldüğü gibi sıkıştırma oranın artırılması ısıyla transfer edilen ekserjiyi özellikle genişleme sürecinin sonlarına doğru arttırmıştır. İşle transfer edilen ekserji ise hem sıkıştırma hem de genişleme süreçlerinde artan sıkıştırma oranıyla artış göstermiştir. Isıyla ve işle transfer edilen ekserjilerdeki bu değişimler Şekil 36 ve 37'de verilen sıcaklık ve ortalama indike basınç değişimlerine bağlı olarak açıklanabilir. Sıkıştırma oranının artışı hem sıcaklığı hem de ortalama indike basıncı arttırarak ısıyla ve işle transfer edilen ekserjileri artırmaktadır. Beklendiği gibi tersinmezlikler sıkıştırma oranının artışıyla azalırken, termomekanik ekserji ise artış göstermiştir. Diğer taraftan silindire giren yakıt ekserjisi sıkıştırma oranının değişiminden etkilenmemiş ancak yanma süresindeki değişim yanma sürecinde yakıt ekserjisinin değişimini etkilemiştir. Ayrıca sıkıştırma oranının artışı yanma sürecinde toplam ekserjinin biraz artmasını, genişleme sürecinde ise daha fazla faydalı iş elde edilerek egzozdan atılan ekserjinin azalmasını sağlamıştır.

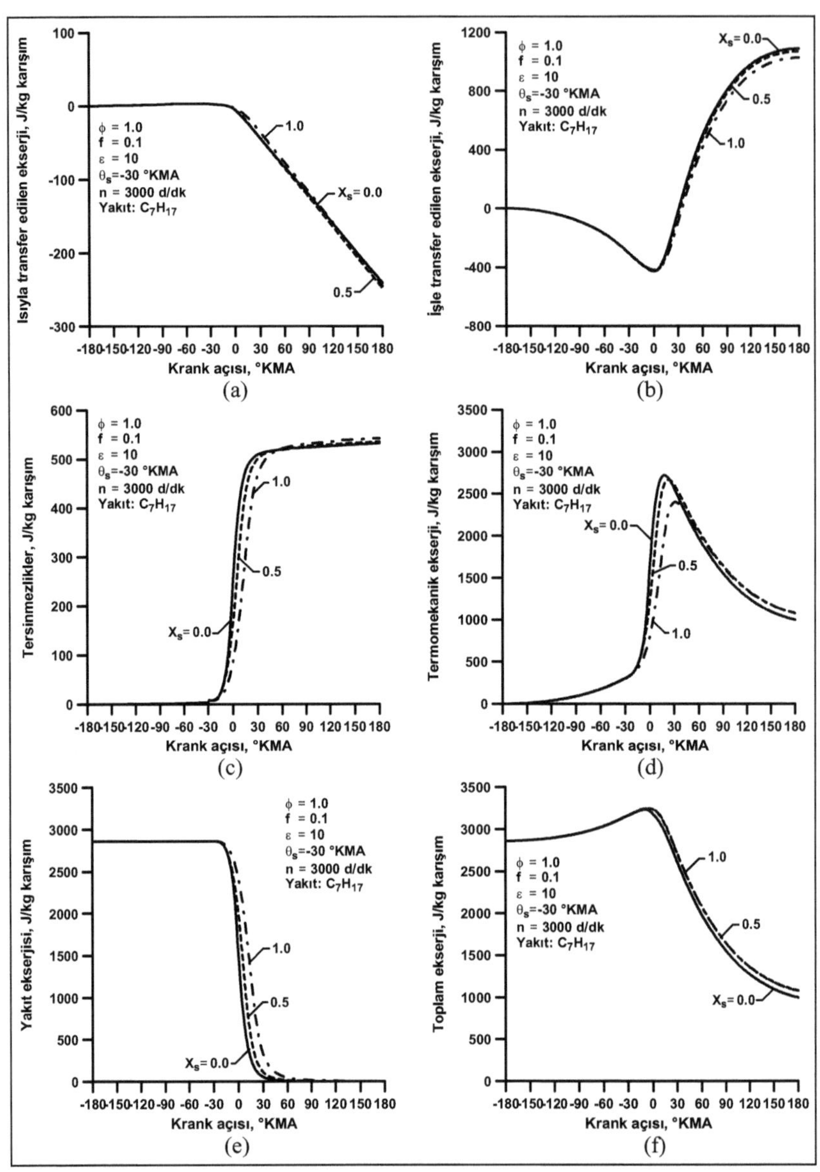

Şekil 38. Buji konumunun a) ısıyla transfer edilen ekserji, b) işle transfer edilen ekserji, c) tersinmezlikler, d) termomekanik ekserji, e) yakıt ekserjisi ve f) toplam ekserji üzerindeki etkilerinin sanki boyutlu modelle incelenmesi

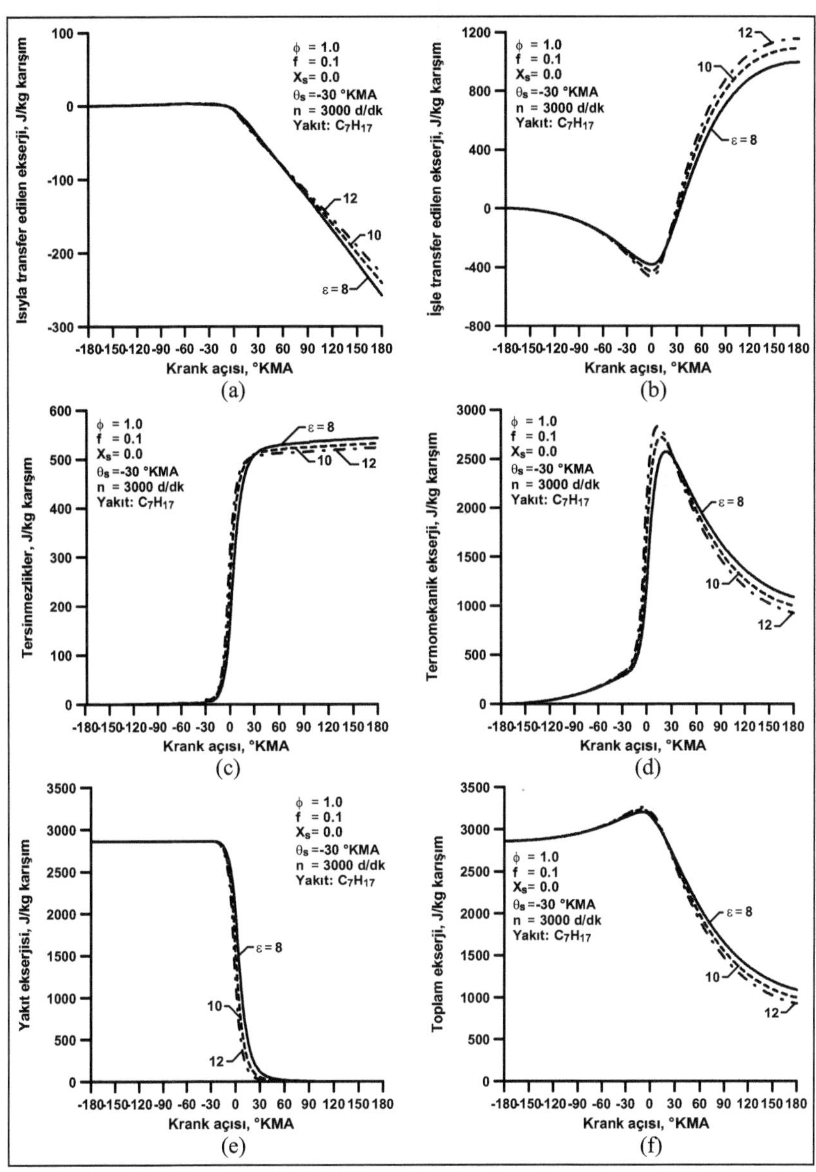

Şekil 39. Sıkıştırma oranının a) ısıyla transfer edilen ekserji, b) işle transfer edilen ekserji, c) tersinmezlikler, d) termomekanik ekserji, e) yakıt ekserjisi ve f) toplam ekserji üzerindeki etkilerinin sanki boyutlu modelle incelenmesi

Şekil 40 (a)–(f)'de, ekivalans oranının ekserji terimleri üzerindeki etkilerini incelemek için sanki boyutlu modelle elde edilen sonuçlar verilmiştir. Şekillerden görüldüğü gibi ısıyla transfer edilen ekserji, stokiometrik karışım (ϕ=1.0) için en yüksek değerleri almış fakir (ϕ=0.9) ve zengin (ϕ=1.1) yakıt hava karışımları için daha düşük değerler elde edilmiştir. Bu durum stokiometrik karışımın Şekil 36'da görüldüğü gibi yanma ve genişleme sürecinde daha yüksek sıcaklıklar vermesinden kaynaklanmaktadır. İşle transfer edilen ekserji açısından zengin ve stokiometrik karışım yaklaşık aynı değerlere sahipken fakir karışım ise daha düşük değerler vermiştir. Bu durum Şekil 37'de verilen ortalama indike basınç değerlerine bağlı olarak açıklanabilir. Şekil 37'de görüldüğü gibi stokiometrik ve zengin karışımlar yaklaşık aynı ortalama indike basınç değerlerine sahipken fakir karışımla daha düşük ortalama indike basınç değeri elde edilmiştir. Diğer taraftan ekivalans oranının artışı tersinmezlikleri artırmıştır. Bu durum bölüm 3.1.2'de Ferguson modeline ait ekserji verilerinin değerlendirilmesinde belirtilen sebeplerden kaynaklanmaktadır. Termomekanik ekserji verileri incelendiğinde stokiometrik karışım en yüksek, zengin karışımın stokiometrik karışıma yakın ancak daha düşük değerler verdiği, fakir karışımın ise en düşük değerleri verdiği görülmektedir. Silindire sokulan yakıt ekserjisi artan ekivalans oranıyla belirgin biçimde artmış ancak zengin karışım kullanıldığında yakılamayan fazla yakıt ekserjisi egzozdan atılmıştır. Toplam ekserji de artan ekivalans oranı ile belirgin bir şekilde artmış olmasına rağmen ekivalans oranının artışı özellikle zengin karışım için egzozdan atılan ekserji miktarını önemli ölçüde artırmıştır. Bu durum zengin karışım kullanıldığında silindirde yeterli oksijen bulunmaması nedeniyle fazladan yakıtın yakılamamasından kaynaklanmaktadır.

Şekil 41 (a)–(f)'de, ateşleme avansının ekserji terimleri üzerindeki etkilerini incelemek için sanki boyutlu modelle elde edilen sonuçlar verilmiştir. Şekillerden görüldüğü gibi ateşleme avansının artışı ısıyla transfer edilen ekserjiyi arttırmaktadır. Bu değişimin ortaya çıkmasında Şekil 36'da verilen sıcaklık değişimleri etkili olmuştur. Şekil 36'da görüldüğü gibi ateşleme avansının artışı yanma sıcaklıklarını artırarak transfer edilen ısının artmasına neden olmaktadır. İşle transfer edilen ekserji değerleri sıkıştırma sürecinde -45°KMA için maksimum değerlere ulaşmış -15°KMA ve -30°KMA için daha düşük ve yaklaşık aynı değerler elde edilmiştir. Genişleme sürecinde ise -30°KMA için en yüksek değerlere ulaşılırken -45°KMA için bunlara yakın ancak daha düşük değerler ve -15°KMA ile en düşük değerler elde edilmiştir.

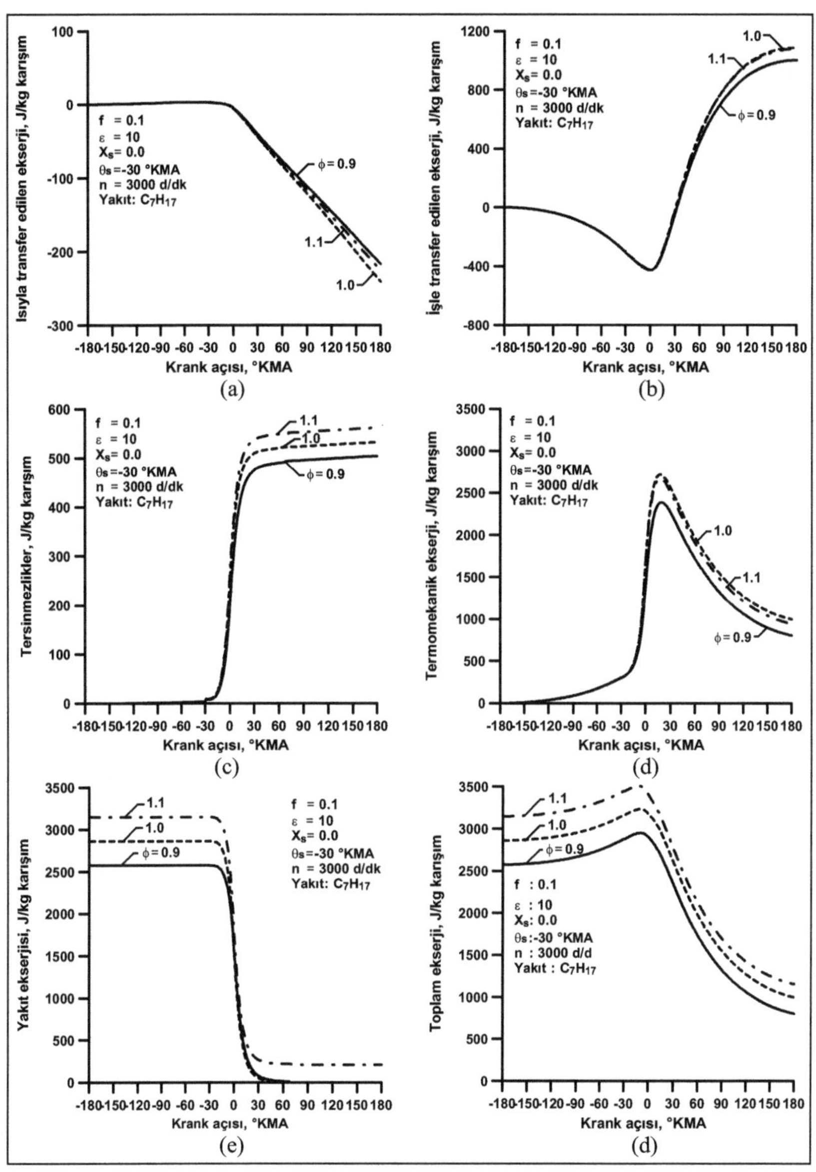

Şekil 40. Ekivalans oranının a) ısıyla transfer edilen ekserji, b) işle transfer edilen ekserji, c) tersinmezlikler, d) termomekanik ekserji, e) yakıt ekserjisi ve f) toplam ekserji üzerindeki etkilerinin sanki boyutlu modelle incelenmesi

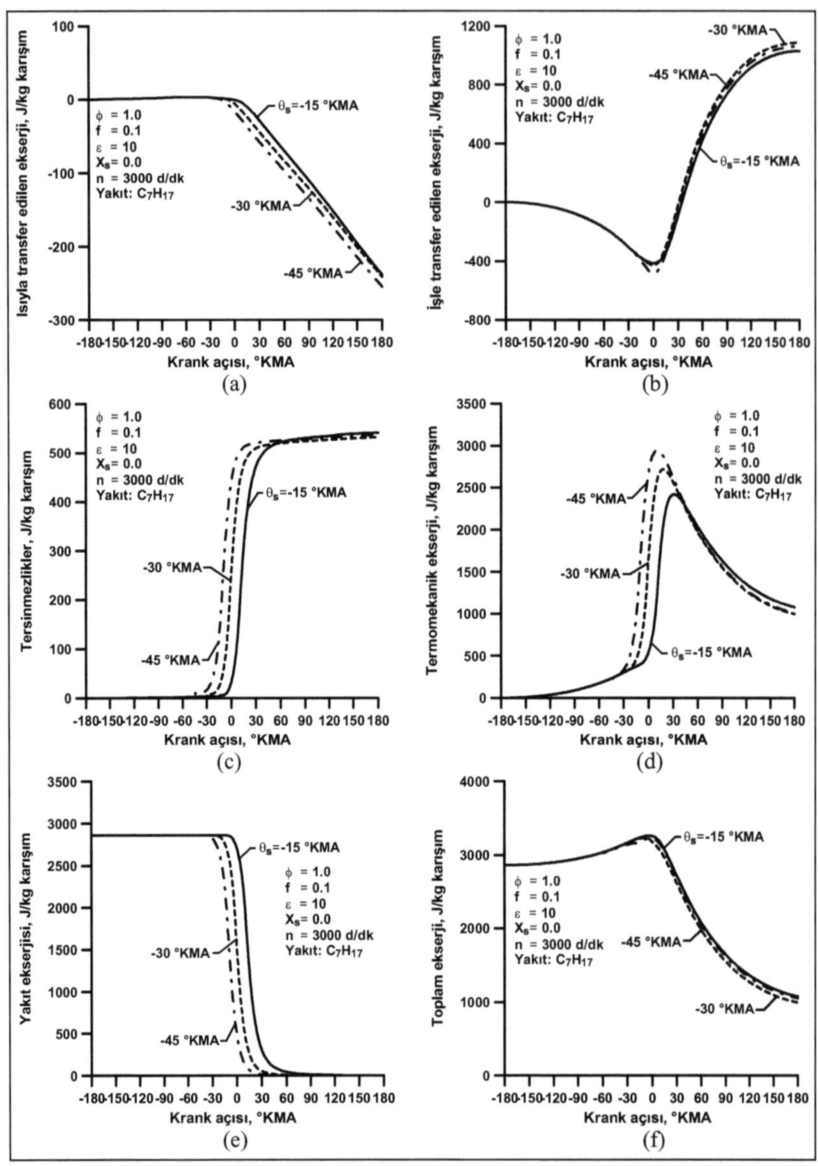

Şekil 41. Ateşleme avansının a) ısıyla transfer edilen ekserji, b) işle transfer edilen ekserji, c) tersinmezlikler, d) termomekanik ekserji, e) yakıt ekserjisi ve f) toplam ekserji üzerindeki etkilerinin sanki boyutlu modelle incelenmesi

Bu durum, ateşleme avansının belirli bir değerden fazla arttırılmasının sıkıştırma işlemi için gereken işi arttırmasına karşın genişleme sürecinde elde edilen faydalı işe aynı oranda katkı sağlamadığını göstermektedir. Tersinmezliklerin -30°KMA için en düşük değerlere ulaştığı diğer ateşleme avansı değerlerinde az da olsa artış olduğu ilgili şekilden görülmektedir. Termomekanik ekserji değişiminde ateşleme avansının arttırılmasıyla tepe noktasının ÜÖN'dan önceye kaydığı bu nedenle de silindir içerisindeki basınçtan etkin şekilde yararlanılamadığı söylenebilir. Silindire sokulan yakıt ekserjisi ise ateşleme avansının değişiminden etkilenmemiştir. Toplam ekserji, ateşleme avansının değişiminden önemli ölçüde etkilenmemiş olmakla birlikte -30°KMA için egzozdan atılan ekserji en düşük değere ulaşmıştır. Tüm ekserji terimleri bir arada değerlendirildiğinde belirli çalışma koşulları için ateşleme avansının bir optimum değerinin olduğu ortaya çıkmaktadır.

Şekil 42 (a)–(f)'de, devir sayısının ekserji terimleri üzerindeki etkilerini incelemek için sanki boyutlu modelle elde edilen sonuçlar verilmiştir. Şekillerden görüldüğü gibi ısıyla transfer edilen ekserji devir sayısının azalmasıyla artmaktadır. Düşük devir sayısında (n=1500 d/dk) motorun yavaş çalışması çevrim süresi uzamakta ve böylece transfer edilen ısı miktarı artmaktadır. Diğer taraftan işle transfer edilen ekserji n=3000 d/dk için maksimum değerlere ulaşmakta diğer devir sayılarında işle transfer edilen ekserjide düşüş meydana gelmektedir. Tersinmezlikler ise incelenen devir sayıları için oldukça yakın değerler almış olmasına karşın n=3000 d/dk için en düşük tersinmezlik değerleri elde edilmiştir. Termomekanik ekserjinin maksimum değerinin devir sayısının azalmasıyla arttığı ve ÜÖN'dan önceye doğru kaydığı ilgili şekilden görülmektedir. Bu değişim Şekil 36'da verilmiş olan sıcaklık değişimleriyle açıklanabilir. Silindire giren yakıt ekserjisi ise devir sayısının değişiminden etkilenmemektedir. Toplam ekserji değişimi termomekanik ekserji ve yakıt ekserjisinin ortak değişim karakteristiğini yansıtmakta olup, egzozla atılan ekserji artan devir sayısıyla artmaktadır.

Şekil 43 (a)–(f)'de, artık egzoz gazları oranının çevrimin üzerindeki etkilerini incelemek için sanki boyutlu modelle elde edilen sonuçlar verilmiştir. Şekillerde görüldüğü gibi ısıyla transfer edilen ekserji artan artık gaz oranı ile azalmaktadır. Bu değişim Ferguson modeliyle ilgili olarak bölüm 3.1.2'de belirtildiği gibi artık egzoz gazlarının ısı çekme özelliğinden kaynaklanmaktadır ve Şekil 36'da verilen sıcaklık değişimleriyle uyumludur. Benzer şekilde işle transfer edilen ekserji de artık gaz oranının artmasıyla azalmıştır. Silindir içerisinde sıcaklığın düşmesine bağlı olarak basınç da azalmakta ve

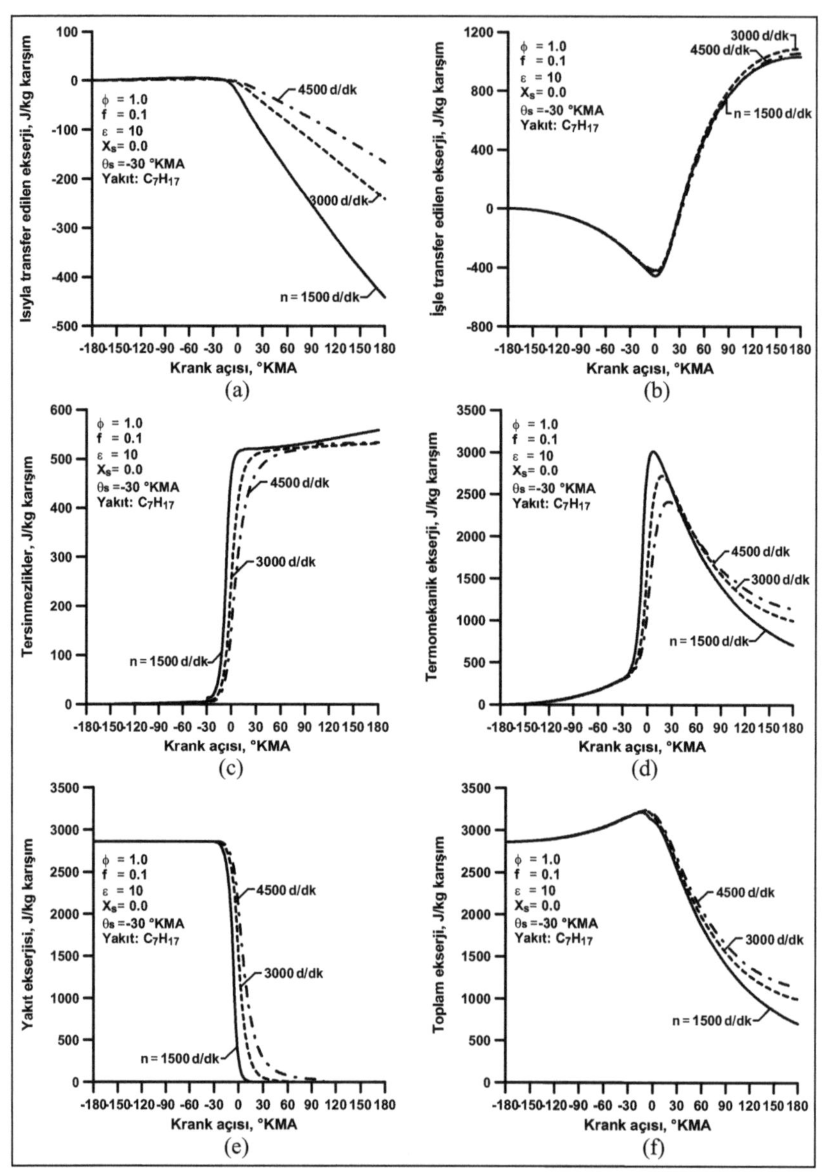

Şekil 42. Devir sayısının a) ısıyla transfer edilen ekserji, b) işle transfer edilen ekserji, c) tersinmezlikler, d) termomekanik ekserji, e) yakıt ekserjisi ve f) toplam ekserji üzerindeki etkilerinin sanki boyutlu modelle incelenmesi

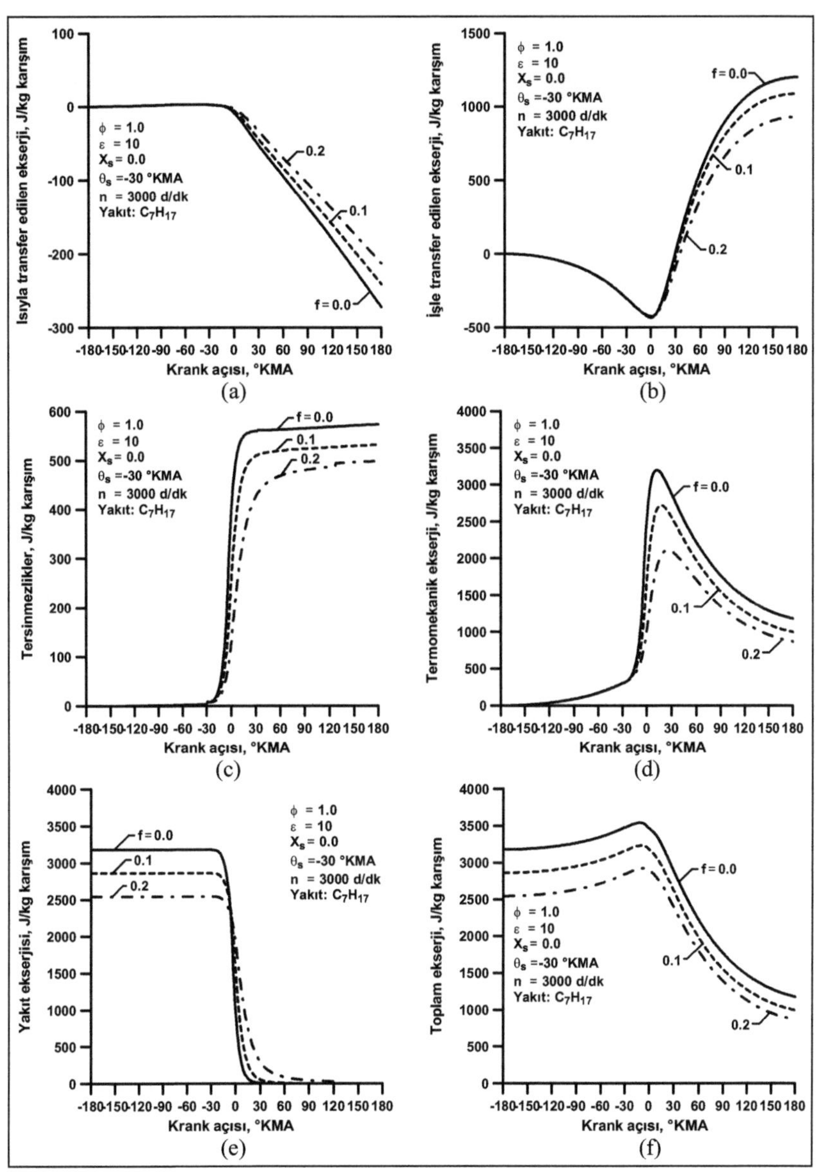

Şekil 43. Artık egzoz gazları oranının a) ısıyla transfer edilen ekserji, b) işle transfer edilen ekserji, c) tersinmezlikler, d) termomekanik ekserji, e) yakıt ekserjisi ve f) toplam ekserji üzerindeki etkilerinin sanki boyutlu modelle incelenmesi

Şekil 37'de görüldüğü gibi daha düşük ortalama indike basınç değerleri elde edilmektedir. Bunun sonucunda çevrimden elde edilen iş ve işle transfer edilen ekserji de azalmaktadır. Diğer taraftan tersinmezlikler artan artık egzoz gazları oranı ile düşüş göstermiştir. Karışım içerisinde artık egzoz gazları oranının değişimi, yanma sonunda ortaya çıkan maddelerin bileşiminin ve miktarının değişmesine neden olarak bölüm 3.1.2'de ekivalans oranıyla ilgili açıklamalarda belirtildiği gibi tersinmezliklerin değişmesine neden olmaktadır. Termomekanik ekserji beklendiği gibi artık egzoz gazları oranının artmasıyla azalmıştır. Artık egzoz gazları oranının artması silindir içerisinde basınç ve sıcaklığın düşmesine ve böylece termomekanik ekserjinin azalmasına neden olmaktadır. Yakıt ekserjisi ise artık egzoz gazları oranının artmasıyla ters orantılı olarak azalmıştır. Toplam ekserjideki değişimler termomekanik ekserji ve yakıt ekserjisindeki değişimlerin bileşimini yansıtmaktadır. Ayrıca toplam ekserji değişiminden görüldüğü gibi artık egzoz gazları oranının artması egzozdan atılan ekserjinin de azalmasına neden olmuştur.

Şekil 44'te, incelenen buji konumları için yakıt ekserjisinin ekserji bileşenleri arasıdaki dağılımları verilmiştir. Şekillerden görüldüğü gibi buji silindir merkezinden uzaklaştıkça işle transfer edilen ekserjinin yakıt ekserjisi içindeki payı azalırken, ısıyla transfer edilen ekserjinin, tersinmezliklerin ve egzozdan atılan ekserjilerin payları artmaktadır. Buji konumunun değişimi işle transfer edilen ekserji oranında, diğer ekserji bileşenlerinden daha büyük değişimler meydana getirmiştir. X_s=0.0 durumu ile karşılaştırıldığında işle transfer edilen ekserji X_s=0.5 ve X_s=1.0 için sırasıyla %0.68 ve %2.23 oranında azalmış, tersinmezlikler ise %0.26 ve % 0.33 oranında artmıştır.

Şekil 45'te, incelenen sıkıştırma oranı değerleri için yakıt ekserjisinin ekserji terimleri arasındaki dağılımları verilmiştir. Şekillerden görüldüğü gibi artan sıkıştırma oranı ile işle transfer edilen ekserjinin, yakıt ekserjisi içindeki oranı artarken, ısıyla transfer edilen ekserjinin, tersinmezliklerin ve egzozdan atılan ekserjilerin oranları azalmaktadır. Sıkıştırma oranının değişimi, işle transfer edilen ekserji ve egzozdan atılan ekserji oranlarında daha büyük değişimler meydana getirmiştir. ε=8 durumu ile karşılaştırıldığında işle transfer edilen ekserji ε=10 ve ε=12 için sırasıyla %3.28 ve %5.67 oranında artmış, tersinmezlikler ise %0.39 ve %0.7 oranında azalmıştır.

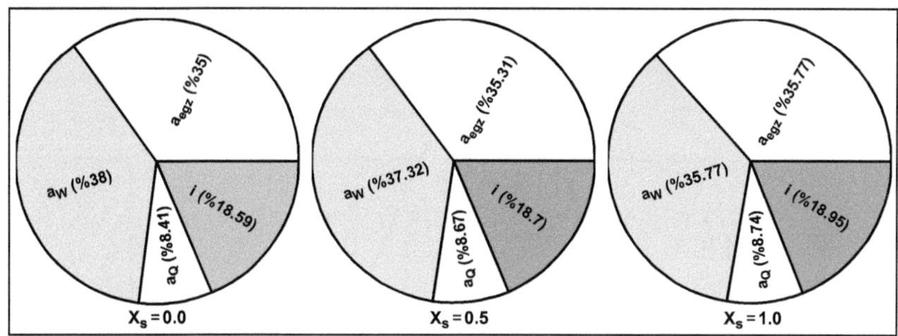

Şekil 44. Buji konumunun yakıt ekserjisinin dağılımı üzerine etkilerinin sanki boyutlu modelle incelenmesi

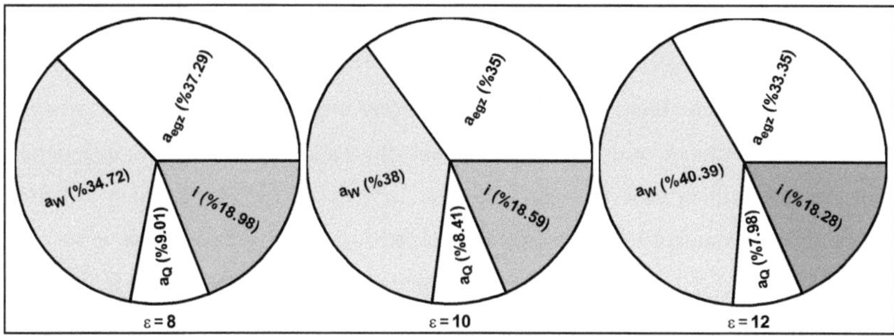

Şekil 45. Sıkıştırma oranının yakıt ekserjisinin dağılımı üzerine etkilerinin sanki boyutlu modelle incelenmesi

Şekil 46'da, incelenen ekivalans oranı değerleri için yakıt ekserjisinin ekserji bileşenleri arasındaki dağılımları verilmiştir. Şekiller incelendiğinde, ekivalans oranı arttıkça egzozdan atılan ekserji oranı artarken, ısıyla transfer edilen ekserji, tersinmezlikler ve işle transfer edilen ekserji oranlarının azaldığı görülmektedir. Yakıt ekserjisi, ϕ=0.9 ekivalans oranı ile karşılaştırıldığında ϕ=1.0 ve ϕ=1.1 için sırasıyla %11.1 ve %22.2 oranında lineer olarak artış göstermiştir. Bu nedenle Şekil 40'da görüldüğü gibi işle transfer edilen ekserjinin reel değerlerinin ekivalans oranının artışı ile artmasına karşın yakıt ekserjisi içerisindeki oranları azalmıştır.

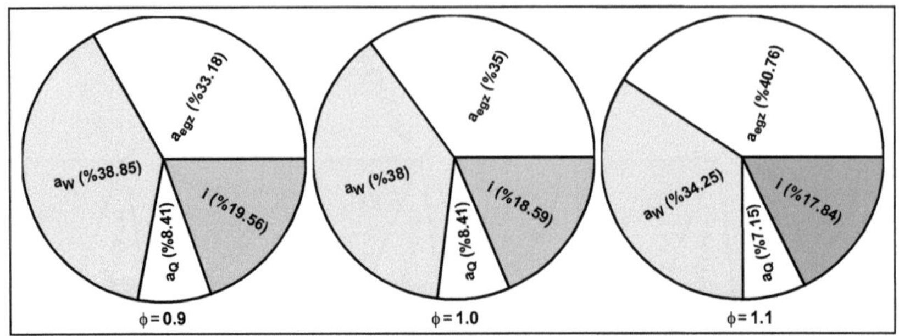

Şekil 46. Ekivalans oranının yakıt ekserjisinin dağılımı üzerine etkilerinin sanki boyutlu modelle incelenmesi

Şekil 47'de, incelen ateşleme avansı değerleri için yakıt ekserjisinin ekserji bileşenleri arasındaki dağılımları verilmiştir. Şekillerden görüldüğü gibi, θ_s=-30°KMA için işle transfer edilen ekserji oranı maksimum değere ulaşırken, tersinmezlikler ve egzozdan atılan ekserji oranları en düşük değerlerini almıştır. Diğer ateşleme avansı değerlerinde ise işle transfer edilen ekserji oranı azalırken, tersinmezlikler ve egzozdan atılan ekserji oranları artmaktadır. Isıyla transfer edilen ekserji oranı ise artan ateşleme avansı ile artış göstermiştir. θ_s=-30°KMA ile karşılaştırıldığında işle transfer edilen ekserji, θ_s=-15°KMA ve θ_s=-45°KMA için sırasıyla %2.05 ve %0.88 oranlarında azalmış, tersinmezlikler ise %0.32 ve % 0.17 oranlarında artmıştır.

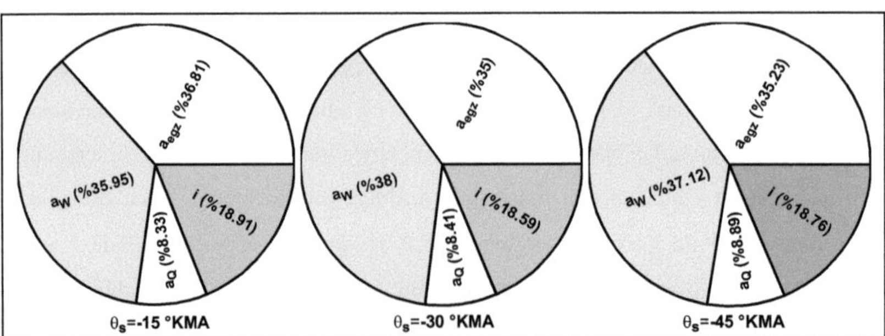

Şekil 47. Ateşleme avansının yakıt ekserjisinin dağılımı üzerine etkilerinin sanki boyutlu modelle incelenmesi

Şekil 48'de, incelen devir sayıları için yakıt ekserjisinin ekserji terimleri arasındaki dağılımları verilmiştir. Şekiller incelendiğinde, ısıyla transfer edilen ekserjinin ve egzozdan atılan ekserjinin oranlarının artan devir sayısı ile arttığı, n=3000 d/dk için işle transfer edilen ekserji oranının maksimum, tersinmezliklerin oranının ise minimum olduğu görülmektedir. Diğer devir sayılarında işle transfer edilen ekserji oranı azalırken, tersinmezliklerin oranı ise artmıştır. n=3000 d/dk ile karşılaştırıldığında, işle transfer edilen ekserji n=1500 d/dk ve n=4500 d/dk için sırasıyla %3.83 ve %4.12 oranlarında azalmış, tersinmezlikler ise %1.07 ve %0.22 oranlarında artmıştır.

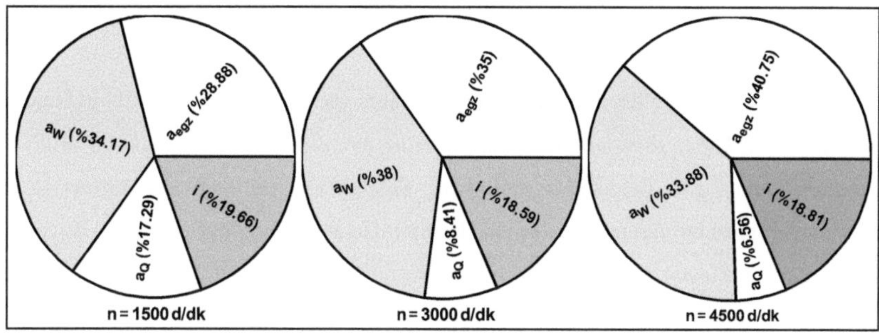

Şekil 48. Devir sayısının yakıt ekserjisinin dağılımı üzerine etkilerinin sanki boyutlu modelle incelenmesi

Şekil 49'da, incelen artık gaz oranları için yakıt ekserjisinin dağılımları verilmiştir. Şekillerden artık gaz oranı arttırıldıkça ısıyla transfer edilen ekserji ve egzozdan atılan ekserji oranlarının azaldığı görülmektedir. Burada da Şekil 46'da verilen ekivalans oranları ile ilgili olarak açıklanan durum söz konusudur. Şekil 43'te görüldüğü gibi işle transfer edilen ekserji artan artık egzoz gazları oranı ile azalırken, yüzdesel oranlarında artışlar meydana gelmiştir. Bu değişim artık egzoz gazları oranına bağlı olarak Şekil 43'te görüldüğü gibi yakıt ekserjisinin değişiminden kaynaklanmaktadır. f=0.0 durumu ile karşılaştırıldığında yakıt ekserjisi f=0.1 ve f=0.2 için % 10 ve % 20 oranlarında azalmıştır.

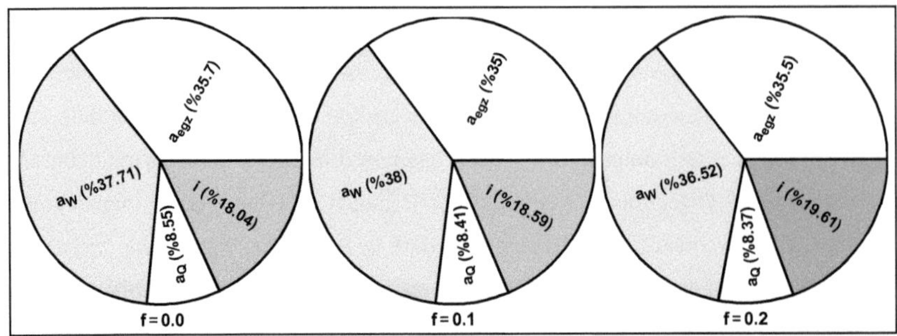

Şekil 49. Artık egzoz gazları oranının yakıt ekserjisinin dağılımı üzerine etkilerinin sanki boyutlu modelle incelenmesi

Şekil 50 (a)–(f)'de, birinci ve ikinci kanun verimlerinin sırasıyla buji konumuna, sıkıştırma oranına, ekivalans oranına, ateşleme avansına, devir sayısına ve artık egzoz gazları oranına göre değişimleri verilmiştir. Şekillerden görüldüğü gibi birinci ve ikinci kanun verimleri bujinin merkezden uzaklaşmasıyla yavaş yavaş azalmaktadır. Böylece buji silindir merkezinden köşeye kaydırıldığında birinci kanun veriminde yaklaşık %2.35 ikinci kanun veriminde ise %2.21 düşüş meydana gelmektedir. Bu durum bujinin merkezden uzaklaşmasıyla yanma süresinin uzaması sonucunda elde edilen ortalama indike basınç değerlerinin azalmasından kaynaklanmaktadır. Diğer taraftan birinci ve ikinci kanun verimleri sıkıştırma oranının artışıyla artmış, ancak sıkıştırma oranının belli bir değerinden sonra verim değerlerindeki artışta azalma meydana gelmiştir. Verim değerlerindeki bu artış, sıkıştırma oranın artmasıyla çevrim işinin ve buna bağlı olarak ortalama indike basıncın artmasından kaynaklanmaktadır. Ekivalans oranının ϕ=0.9 değeri civarında birinci ve ikinci kanun verimleri en yüksek değerlerine ulaşmıştır. Literatürde de buji ateşlemeli motorlar için stokiometrikten biraz fakir karışım, maksimum verimin ortaya çıktığı karışım oranı olarak gösterilmektedir [39]. Ateşleme avansının θ_s=-30°KMA değeri civarında maksimum verim değerleri elde edilmiştir. Benzer şekilde yaklaşık n=3000 d/dk için en iyi verim değerleri elde edilmiştir. Bu durum verilen çalışma koşullarında devir sayısı ve ateşleme avansının optimum değerlerinin olduğunu göstermektedir. Ferguson modeliyle elde edilen sonuçlardan farklı olarak artık egzoz gazları oranının yaklaşık f=0.1 değeri civarında birinci ve ikinci kanun verimleri maksimum değerlere ulaşmıştır. Bu durum belli oranda egzoz gazı resirkülasyonu (EGR) uygulamasının verim açısından faydalı olabileceğini göstermektedir.

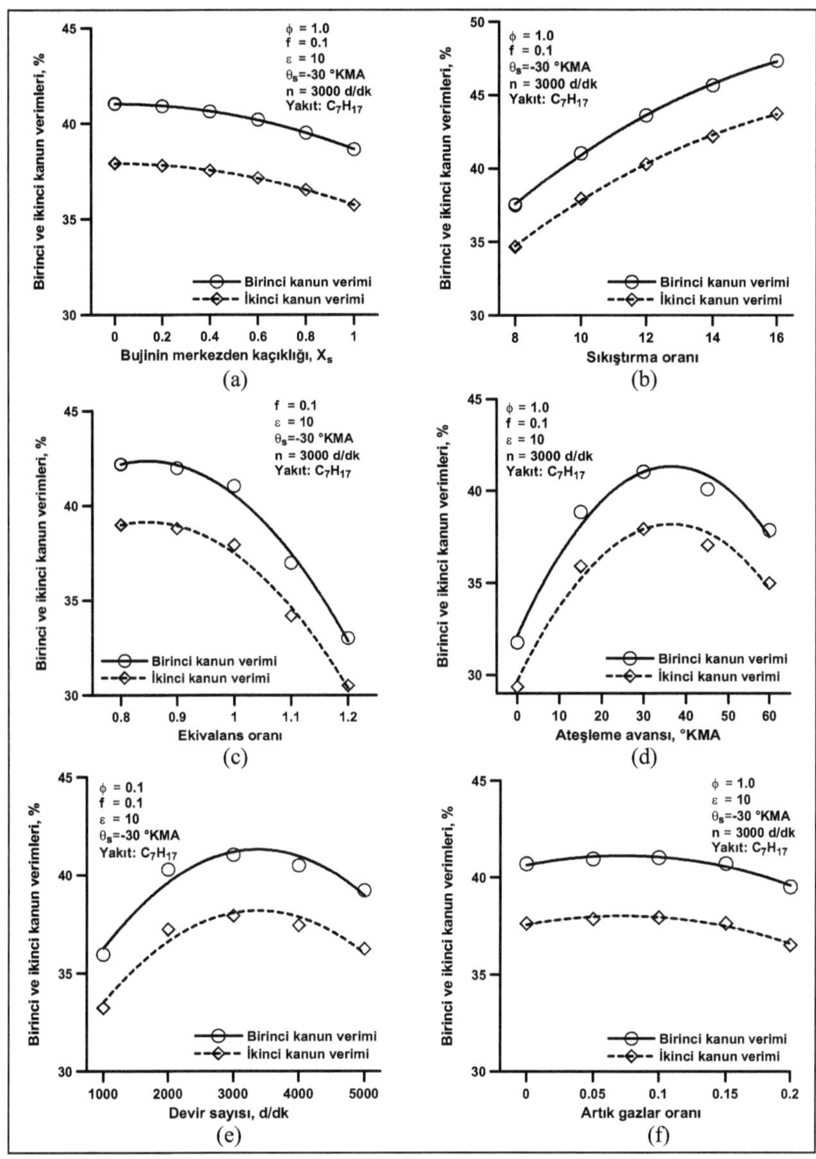

Şekil 50. Birinci ve ikinci kanun verimlerinin a) buji konumuna, b) sıkıştırma oranına, c) ekivalans oranına, d) ateşleme avansına, e) devir sayısına ve f) artık egzoz gazları oranına göre değişimlerinin sanki boyutlu modelle incelenmesi

3.3. Ferguson Modelinin ve Sanki Boyutlu Modelin Ekserji Analizi Verileri Açısından Karşılaştırılması

Şekil 51 (a)–(f)'de, Ferguson modelinin ve sanki boyutlu modelin ekserji analizi verileri açısından karılaştırması verilmiştir. Şekillerden görüldüğü gibi ısıyla transfer edilen ekserji için Ferguson modeli, sanki boyutlu modele göre biraz daha yüksek değerler vermiştir. Bu durum Ferguson modelinin, sanki boyutlu modelle göre biraz daha yüksek sıcaklık değerleri vermesinden kaynaklanmaktadır. Diğer taraftan sanki boyutlu model için işle transfer edilen ekserji değerleri sıkıştırma sürecinde daha düşük, genişleme sürecinde ise daha yüksektir. Isıyla transfer edilen ekserjideki azalma işle transfer edilen ekserjide artışın doğmasına neden olmuştur. Tersinmezlikler ise sanki boyutlu model için çok az miktarda artış göstermiştir. Bu durum sanki boyutlu modelle daha düşük yanma sonu sıcaklıkları elde edilmiş olmasının bir sonucudur. Yanma modellerindeki farklılık termomekanik ekserji değişiminden de açıkça görülmektedir. Termomekanik ekserjinin maksimum değeri sanki boyutlu model için biraz artmış ve ÜÖN'ya doğru yaklaşmıştır. Yakıt ekserjisi yanma süresinin değişiminden dolayı her iki model için farklı değişimler göstermiştir. Toplam ekserji değişimi incelendiğinde her iki modelle elde edilen ekserji değerlerinin birbirine oldukça yakın olduğu görülmektedir.

Ayrıca her iki çevrim modelinin karılaştırılması açısından vurgulanması gereken bir diğer konu, sanki boyutlu modelin, Ferguson modeli ile incelenen diğer parametrelere ilave olarak buji konumunun etkilerinin incelenmesine ve aşağıda verilen farklı yakıtların ekserji analizi açısından değerlendirilmesine olanak sağlamış olmasıdır.

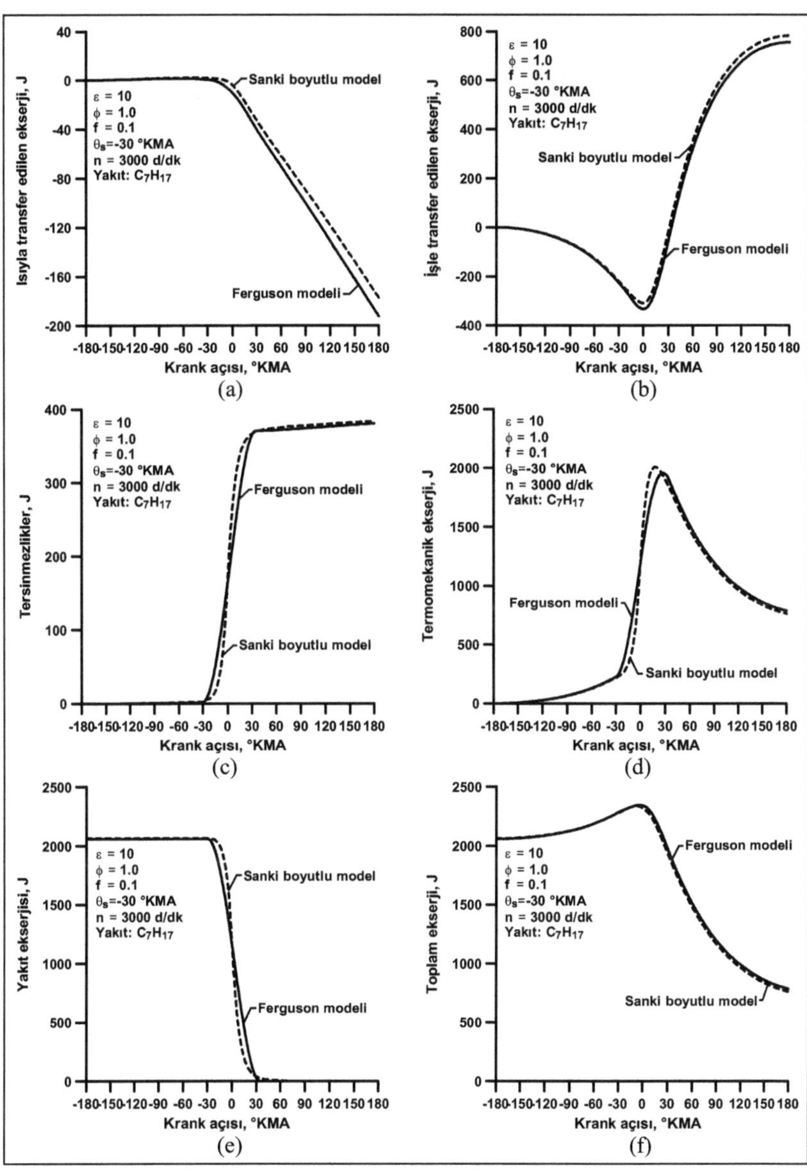

Şekil 51. Ferguson modeli ve sanki boyutlu modelin a) ısıyla transfer edilen ekserji, b) işle transfer edilen ekserji, c) tersinmezlikler, d) termomekanik ekserji, e) yakıt ekserjisi ve f) toplam ekserji verileri açısından karşılaştırılması

3.4 Farklı Alternatif Yakıtların Buji Ateşlemeli Motorlarda Kullanılmasının Ekserji Analiziyle Değerlendirilmesi

Şekil 52 (a)–(f)'de, buji ateşlemeli motorlarda kullanılmaya uygun gaz yakıtlar için ekserji bileşenlerinin değişimleri verilmiştir. Şekillerden görüldüğü gibi doğalgaz (çalışmada metan olarak alınmıştır) ve sıvılaştırılmış petrol gazı (LPG) (çalışmada propan olarak alınmıştır) için ısıyla transfer edilen ekserji değerleri benzine göre az miktarda yüksektir. Bu durum şekilden görüleceği gibi doğalgaz için yanma süresinin benzine göre daha uzun olmasından ve Tablo 6'da verildiği gibi LPG'nin benzine göre daha yüksek yanma sonu sıcaklıkları vermesinden kaynaklanmaktadır. Diğer taraftan doğalgaz benzinden düşük, LPG ise benzinden daha yüksek, işle transfer edilen ekserji değerleri vermiştir. İşle transfer edilen ekserjideki bu değişimlerde de Tablo 6'da verilen maksimum çevrim sıcaklıklarına bağlı olarak açıklanabilir. Tablodan görüldüğü gibi LPG en yüksek sıcaklık değerine sahiptir ve silindir içerisinde sıcaklığın artması daha yüksek basınç dolayısıyla daha fazla iş elde edilmesini sağlamaktadır. Her iki gaz yakıtla elde edilen tersinmezlik değerleri benzine göre oldukça düşük düzeylerdedir. Tersinmezliklerdeki bu değişim literatürde doğalgaz ve LPG'nin benzine göre moleküler açıdan daha basit yapılı olması ve bunun sonucunda yanma işleminde ortaya çıkan maddelerin farklılık göstermesine bağlı olarak açıklanmaktadır [144]. Diğer taraftan doğalgaz ve LPG için termomekanik ekserjinin maksimum değerleri yaklaşık aynı iken, genişleme sürecinde doğalgaz daha yüksek değerler vermiştir. Bu durum doğalgaz ve LPG'nin yaklaşık benzine eşdeğer iş üretmesinden ve daha düşük tersinmezlik değerlerine sahip olmasından kaynaklanmaktadır. Doğalgaz ve LPG için silindire giren yakıt ekserjisi benzine göre biraz daha yüksektir. Bu durum Tablo 6'da görüldüğü gibi doğalgaz ve LPG'nin benzine göre daha yüksek alt ısıl değere ve dolayısıyla birim yakıt başına daha yüksek ekserji değerlerine sahip olmasının bir sonucudur. Ayrıca her bir yakıt için yanma süresinin farklı olması sebebiyle yanma sürecinde yakıt ekserjisi değişimlerinde yanma işlemi sırasında farklılıklar meydana gelmiştir. Toplam ekserji değişimi ise termomekanik ekserji ve yakıt ekserjisindeki ortak değişleri yansıtmakta olup egzozdan atılan ekserji benzin için minimum değere ulaşırken doğalgaz için maksimum değeri almıştır.

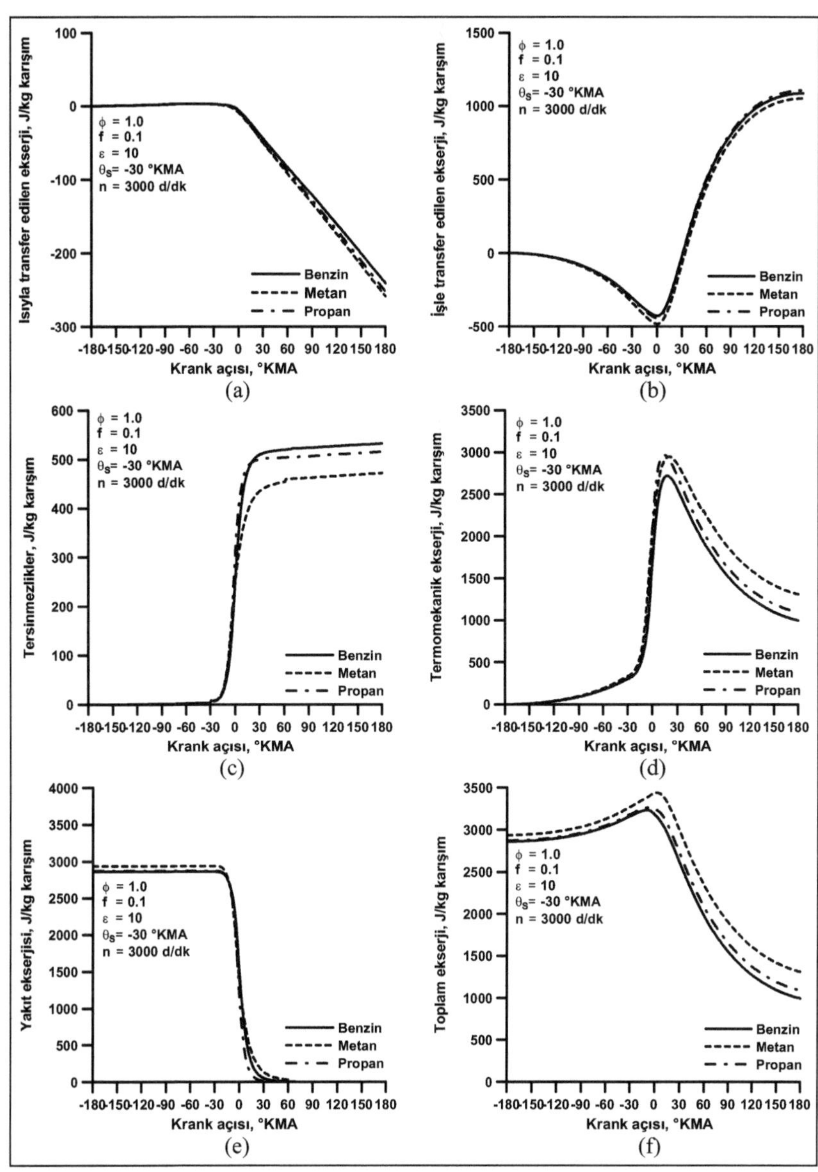

Şekil 52. Alternatif gaz yakıtlar için a) ısıyla transfer edilen ekserji, b) işle transfer edilen ekserji, c) tersinmezlikler, d) termomekanik ekserji, e) yakıt ekserjisi ve f) toplam ekserji değişimlerinin sanki boyutlu modelle incelenmesi

Tablo 6. Yakıtlar için çevrim hesabından elde edilen bazı değerler

Yakıt	Q_{LHV} [kJ/kgy]	$(A/F)_s$ [kgh/kgy]	m_{top} [kg]	m_y [kg]	Q_y [J]	$a_{y,kim}$ [J/kg kar.]	T_{max} [K]
Benzin	45609	15.52	0.737	0.0428	1950.33	2861.88	2685.19
Doğalgaz	51276	17.42	0.663	0.0351	1798.78	2747.51	2663.11
LPG	46546	15.83	0.721	0.0409	1908.09	2801.92	2722.41
Metanol	20235	6.55	0.714	0.1526	1986.66	3203.42	2663.08
Etanol	27423	9.1	0.732	0.0724	1985.88	3019.56	2685.15

Şekil 53 (a)–(f)'de, buji ateşlemeli motorlarda kullanılmaya uygun metanol ve etanol gibi oksijenli yakıtlar için ekserji bileşenlerinin değişimleri verilmiştir. Şekilden görüldüğü gibi ısıyla transfer edilen ekserji değerleri birbirine oldukça yakın olmakla beraber metanol ile elde edilen değerler benzin ve etanole göre biraz yüksektir. Bu durum Tablo 6'da verilen her bir yakıt için çevrime sokulan Q_y yakıt ısısı değerlerine bağlı olarak açıklanabilir. Tabloda görüldüğü gibi çevrime giren yakıt ısısı miktarları metanol ve etanol için benzine göre daha yüksektir. Benzer şekilde ve aynı etkileşim nedeniyle işle elde edilen ekserji değerleri de birbirine oldukça yakın olup metanol, benzin ve etanole göre daha yüksek değerler vermiştir. Tersinmezlikler ise oksijenli yakıtlar için benzine göre aradaki farklar çok küçük olmakla beraber biraz daha yüksek değerler almış ve metanol maksimum tersinmezlik değerlerine sahip olmuştur. Termomekanik ekserji göz önüne alındığında ise beklendiği gibi metanol en yüksek termomekanik ekserji değerlerini vermiş, etanol ise benzine göre daha yüksek, metanole göre daha düşük değerler vermiştir. Silindire sokulan yakıt ekserjisi, oksijenli yakıtlar için Tablo 6'da görüldüğü gibi metanol ve etanolün stokiometrik yakıt-hava oranın oldukça düşük olması ve bu nedenle silindire giren yakıt kütlesinin önemli oranda artması sonucunda artmış ve metanol en yüksek değeri vermiştir. Toplam ekserji termomekanik ekserji ve yakıt ekserjisinin birleştirilmiş karakteristiğini yansıtmaktadır ve en yüksek değerler metanolle elde edilmiş, etanol metanolden daha düşük benzine göre daha yüksek değerler vermiştir. Ayrıca egzozla atılan ekserji metanol için maksimum değere ulaşmış, etanol ise metanolden daha düşük, benzinden daha yüksek ekserji değeri vermiştir.

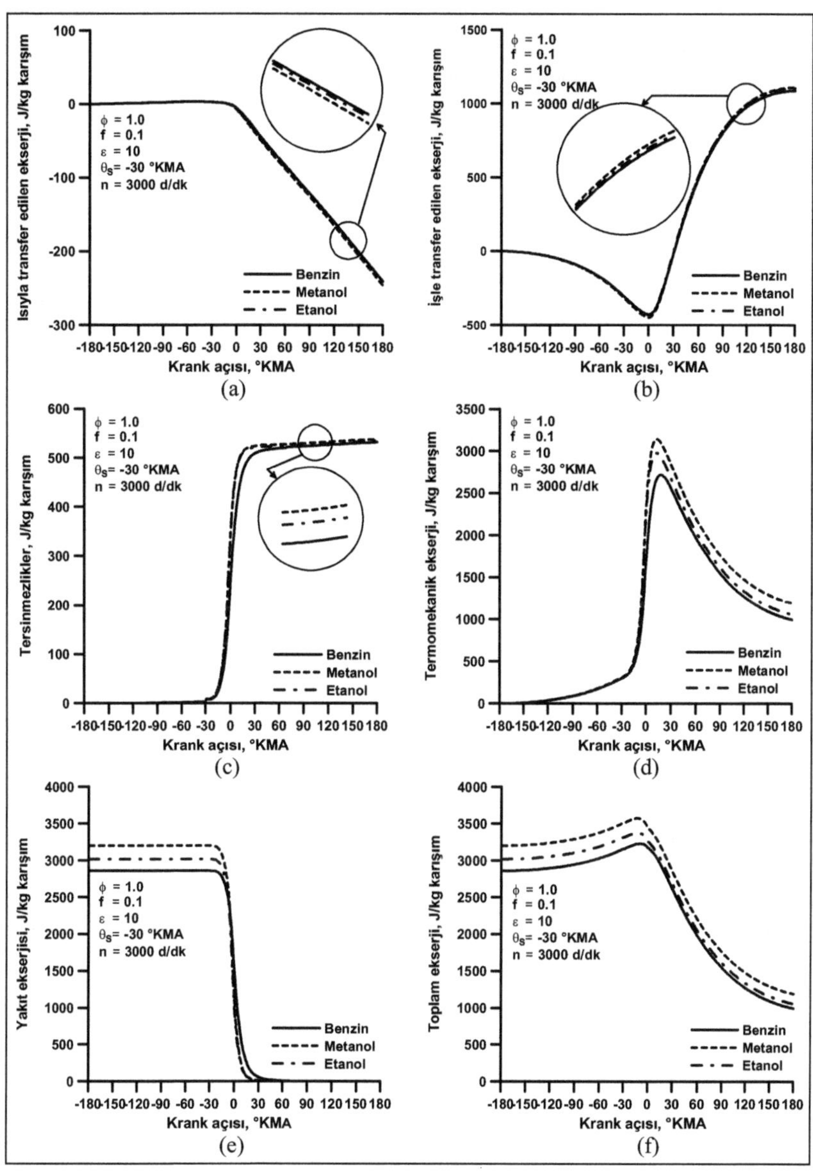

Şekil 53. Alternatif oksijenli yakıtlar için a) ısıyla transfer edilen ekserji, b) işle transfer edilen ekserji, c) tersinmezlikler, d) termomekanik ekserji, e) yakıt ekserjisi ve f) toplam ekserji değişimlerinin sanki boyutlu modelle incelenmesi

Şekil 54'te, alternatif gaz yakıtlar ve oksijenli yakıtlar için yakıt ekserjisinin ekserji bileşenleri arasındaki dağılımı verilmiştir. Şekillerden görüldüğü gibi doğalgaz ve LPG için tersinmezliklerin yakıt ekserjisi içindeki oranı benzine göre sırasıyla %2.59 ve %0.65 azalmıştır. Diğer taraftan, işle transfer edilen ekserji oranı LPG için %0.54 artarken doğalgaz için %2.19 azalmıştır. Metanol için tersinmezliklerin sayısal değeri Şekil 53'te görüldüğü gibi benzine göre artmış olmasına karşın tersinmezliklerin yakıt ekserjisi içindeki oranı azalmıştır. Bu durum metanol kullanıldığında silindire sokulan yakıt ekserjisinin artmış olmasından kaynaklanmaktadır. Benzer durum etanol için de geçerlidir. Yakıt ekserjisi, metanol ve etanol için benzine göre sırasıyla %11 ve %5.5 oranında artırmıştır. Benzine göre tersinmezliklerin yakıt içerisindeki oranları ise metanol için %1.79 ve etanol için %0.86 oranında azalmıştır.

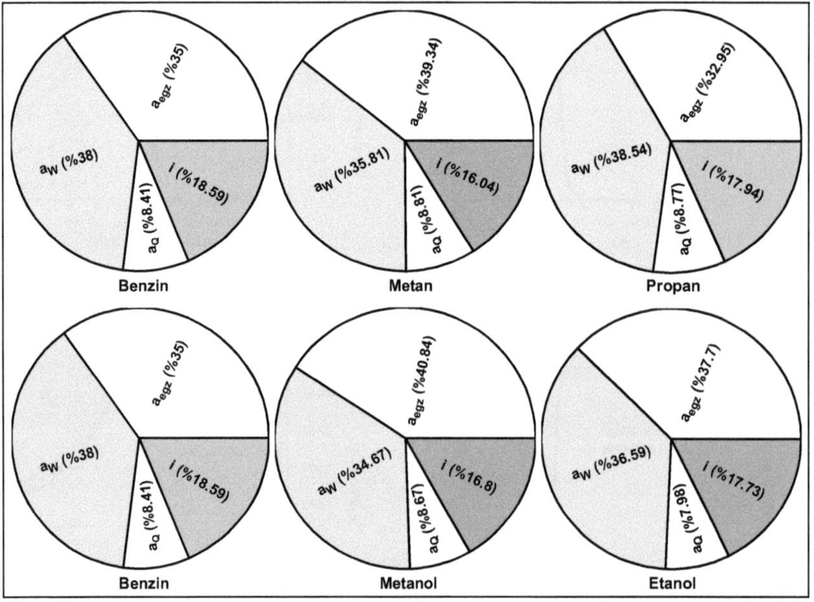

Şekil 54. Alternatif gaz ve oksijenli yakıtlar için yakıt ekserjisi dağılımlarının sanki boyutlu modelle incelenmesi

Şekil 55 (a)–(f)'de, alternatif gaz yakıtlar ve oksijenli yakıtlar için ortalama efektif basınç, ikinci kanun verimi ve özgül yakıt tüketimi gibi motor performans parametreleri verilmiştir. Şekillerden görüldüğü gibi doğalgaz benzine göre daha düşük ortalama efektif basınç değerine sahiptir. LPG ise benzinden daha yüksek ortalama efektif basınç değeri vermiştir. Bu durum Tablo 6'da görüldüğü gibi her bir yakıt için silindire sokulan yakıt ısısı ve yanma sırasında ortaya çıkan sıcaklık değerlerinin bir sonucudur. Silindire sokulan yakıt ısısının artması daha yüksek sıcaklık ve basınç ve sıcaklık değerlerinin elde edilmesini sağlayarak ortalama efektif basınç değerini arttırmaktadır. Metanol daha yüksek ve etanol ise daha düşük olmak üzere benzine oldukça yakın ortalama efektif basınç değerlerine sahiptir. Ortalama efektif basınç değerleri üzerinde etkili olan diğer büyüklük, çevrim sırasında elde edilen basınca dolayısıyla sıcaklığa bağlı olan, çevrim işidir (işle transfer ekserjidir). Ortalama efektif basınç değerleri çevrimden elde edilen işe doğrudan bağlı olup onunla doğru orantılı olarak değişmektedir. Şekiller incelendiğinde alternatif yakıtlar için elde edilen verim değerlerinin oldukça çarpıcı olduğu görülmektedir. Doğalgaz için ortalama efektif basınç değerinin düşük olmasına karşın ikinci kanun verimi benzinden daha yüksektir. Benzer şekilde LPG'de benzinden daha yüksek ikinci kanun verimine sahiptir. Bu durum söz konusu yakıtların ekserji analizi açısından oldukça uygun olduğunu göstermekte olup literatür ile de uyumludur [129]. Diğer taraftan metanol ve etanol benzine göre daha düşük ikinci kanun verimi değerlerine sahiptir. Bu yakıtların benzine göre oldukça düşük stokiometrik yakıt-hava oranı değerlerine sahip olması verim değerleri üzerinde etkili olmaktadır. Özgül yakıt tüketiminin verimle ters orantılı olarak değişen bir büyüklük olması sebebiyle ortaya çıkan özgül yakıt tüketimi değerleri de buna uygun karakterdedir. Böylece doğalgaz ve LPG benzine göre daha düşük özgül yakıt tüketimi değerlerine sahip olurken etanol ve özellikle de metanol benzine kıyasla oldukça yüksek özgül yakıt tüketimi değerlerine sahiptir. Bu durum ise Tablo 6'da görüldüğü gibi metanol ve etanolun ısıl değerlerinin oldukça düşük olması sebebiyle silinidir içerisinde gerekli enerjiyi (ısıyı) sağlamak için daha fazla miktarda yakıt kullanılmasından kaynaklanmaktadır. Buradaki sonuçların ortaya çıkmasında seçilen çalışma koşulları da önemli etkilere sahiptir. İncelenen gaz ve oksijenli alternatif yakıtlar yüksek oktan sayısı değerlerine sahip olmaları sebebiyle daha yüksek sıkıştırma oranlarında da denenebilirler. Bu durumda elde edilen sonuçların farklı olacağı açıktır.

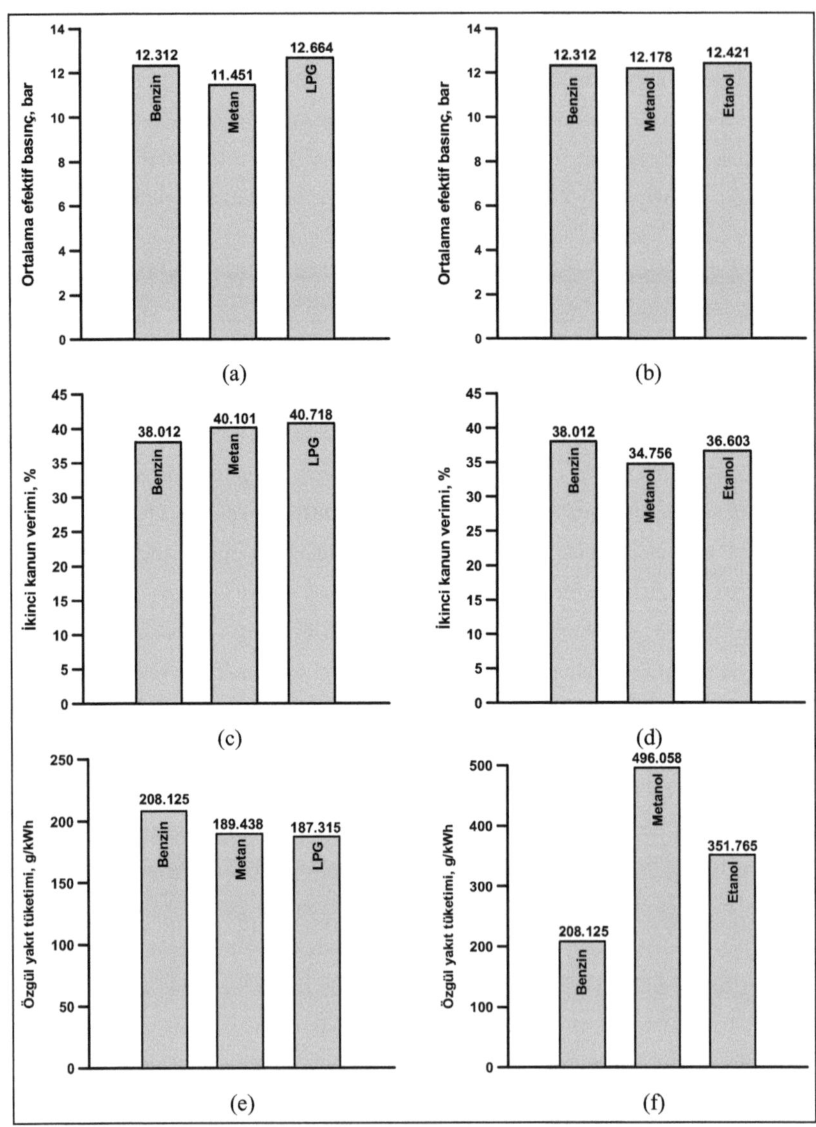

Şekil 55. Alternatif gaz ve oksijenli yakıtlar için a) ortalama efektif basınç, b) ikinci kanun verimi ve c) özgül yakıt tüketimi gibi motor performans parametrelerinin değişimleri

4. SONUÇLAR

Bu tez çalışmasında iki farklı termodinamik çevrim modeli kullanılarak buji ateşlemeli motorlar için ekserji analizi yapılmıştır. Ekserji analizinde buji konumu, sıkıştırma oranı, yakıt-hava ekivalans oranı, ateşleme avansı, devir sayısı ve artık egzoz gazları oranı gibi çevrim parametrelerinin etkileri incelenmiştir. Ayrıca doğal gaz (metan), LPG (propan), metanol ve etanol gibi buji ateşlemeli motorlarda kullanılmaya uygun alternatif yakıtlar ekserji analizi açısından değerlendirilmiştir. Çalışma sonucunda elde edilen başlıca sonuçlar aşağıdaki gibi sıralanabilir.

1. İçten yanmalı motorların termodinamik çevrim modelleri parametrik çalışmalar için oldukça uygun ve kullanışlı araçlardır.
2. Ekserji analizi, termodinamiğin ikinci kanununa dayalı yaklaşımların sistemlere uygulanması olup, sistemde meydana gelen olası kayıp ve tersinmezliklerin belirlenmesine olanak sağlamaktadır. Bu nedenle ekserji analizi, daha verimli sistemlerin tasarlanmasına veya var olan sistemlerin iyileştirilmesine olanak sağlamaktadır.
3. Buji ateşlemeli motorlarda tersinmezlikler büyük ölçüde yanma işleminden kaynaklanmaktadır. Isı transferi, sürtünmeler ve karışım oluşumu gibi olaylardan kaynaklanan tersinmezlikler ise toplam tersinmezlikler içinde daha düşük paya sahiptir.
4. Buji konumunun değiştirilmesi ekserji terimlerini önemli ölçüde etkilememiş olmakla beraber buji silindir merkezinden uzaklaştıkça tersinmezliklerde artış, işle transfer edilen ekserjide azalma ve egzozdan atılan ekserjide artış meydana gelmiştir. Sanki boyutlu modelin sonuçlarına göre X_s boyutsuz buji konumunun 0-1 aralığında değişmesi tersinmezliklerde %0.26-0.33 oranlarında artış, işle transfer edilen ekserjide %0.68-2.23 oranlarında düşüş meydana getirmiştir.
5. Sıkıştırma oranının artması, tersinmezliklerin azalmasını, işle transfer edilen ekserjinin (faydalı iş) artmasını ve egzozdan atılan ekserjinin azalmasını sağlamıştır. Sanki boyutlu modelin sonuçlarına göre ε sıkıştırma oranının 8-12 aralığında değişimi tersinmezliklerde %0.39-0.7 oranlarında düşüş, işle transfer edilen ekserjide %3.28-5.67 oranlarında artış meydana getirmiştir.

6. Yakıt-hava ekivalans oranının değişimi ekserji bileşenlerini önemli ölçüde etkilemiştir. Ekivalans oranının artışıyla, tersinmezliklerin ve egzozla atılan ekserjinin, çevrime sokulan yakıt ekserjisi başına oranları azalmıştır. İşle transfer edilen ekserji ise stokiometrik karışım (ϕ=1.0) ve zengin karışım (ϕ=1.1) için, fakir karışıma (ϕ=0.9) göre artış göstermiş olmasına rağmen karışımın belli bir değerden sonra zenginleşmesinin işle transfer edilen ekserjiye pek katkısı olmamıştır. Sanki boyutlu modelin sonuçlarına göre ekivalans oranının 0.9-1.1 aralığında değişimi tersinmezliklerde %0.97-1.72, işle transfer edilen ekserjide ise %0.85-4.6 oranlarında değişime neden olmuştur.
7. Ateşleme avansının belli bir optimum değerinde (θs=-30 °KMA) tersinmezlikler ve egzozla atılan ekserji minimum değere, işle transfer edilen ekserji ise maksimum değere ulaşmıştır. Diğer ateşleme avansı değerlerinde ise tersinmezlikler artmıştır. Sanki boyutlu modelin sonuçlarına göre ateşleme avansının (-15 ila -45 °KMA) aralığında değişimi tersinmezliklerde %0.17–0.32 ve işle transfer edilen ekserjide %0.88-2.05 oranlarında değişim meydana getirmiştir.
8. Benzer şekilde devir sayısının belli bir optimum değerinde (n=3000 d/dk) tersinmezlikler ve egzozla atılan ekserji minimum değere, işle transfer edilen ekserji ise maksimum değere ulaşmıştır. Diğer devir sayısı değerlerinde ise tersinmezlikler artmıştır. Sanki boyutlu modelin sonuçlarına göre devir sayısının 1500-4500 d/dk arasında değişimi tersinmezliklerde %0.22-1.07 ve işle transfer edilen ekserjide %3.83-4.12 oranlarında değişimler ortaya çıkarmıştır.
9. Artık egzoz gazları oranının f=0.1 değeri için işle transfer edilen ekserjinin yakıt içerisindeki oranı maksimum değere, egzozla atılan ekserji ise minimum değere ulaşmıştır. Tersinmezliklerin yakıt ekserjisi içerisindeki oranı ise artan artık egzoz gazları oranına bağlı olarak azalmıştır. Sanki boyutlu modelin sonuçlarına göre artık egzoz gazları oranının 0.0-0.2 aralığında değişimi tersinmezliklerde %0.55-1.57 ve işle transfer edilen ekserjide %0.29-1.48 oranlarında değişiklik meydana getirmiştir.
10. İncelenen tüm çevrim parametrelerinin etkileri bir arada değerlendirildiğinde, silindir içerisinde basıncı ve buna bağlı olarak sıcaklığı arttıran etkiler tersinmezliklerin azalmasını sağlamaktadır.

11. Egzozla ve ısı transferi ile kaybedilen ekserjinin çeşitli yöntemlerle geri kazanılması mümkün olabilmektedir. Örneğin, egzozdan atılan ekserjinin değerlendirilebilmesi için turbo-şarj sistemi ve ısı kayıplarının azaltılması için silindir iç yüzeylerinin yalıtımı gibi yöntemler uygulanmaktadır. Tersinmezlikler için ise geri kazanım söz konusu değildir, ancak azaltılmasına yönelik uygulamalar yapılabilir.
12. Tersinmezliklerin büyük ölçüde yanma işleminden kaynaklanması, yanmanın olmadığı enerji dönüşüm sistemlerinin geliştirilmesine yönelik çalışmaları tetiklemiştir. Yakıt hücreleri ve bunların taşıtlarda kullanılmasına yönelik çalışmalar bu konuyla ilgili en güncel örnekler olarak verilebilir.
13. İncelenen alternatif yakıtlar içerisinde gaz yakıtlar olan doğalgaz (metan) ve LPG (propan) benzine kıyasla daha düşük tersinmezlik değerlerine sahip olmaları sebebiyle ikinci kanun analizi açısından oldukça uygun yakıtlardır. Diğer taraftan metanol ve etanol, yakıt ekserjisine göre dağılımlar dikkate alındığında benzine göre daha düşük tersinmezlik oranlarına sahiptir. Ancak ısıl değerlerinin düşük olması sebebiyle özgül yakıt tüketimi değerleri benzine göre oldukça yüksektir.
14. Sanki boyutlu çevrim modelinin kullanılması, buji konumunun yanı sıra farklı yakıtlarının ekserji analizi açısından incelenmesine olanak sağlamıştır.

5. ÖNERİLER

Sunulan tez çalışmasında iki farklı termodinamik çevrim modeli kullanılarak buji ateşlemeli motorlar için ekserji analizi gerçekleştirilmiştir. Çalışmadan elde edilen sonuçların ışığında aşağıdaki öneriler yapılabilir.

1. Çevrim modelinde, emme işlemi akış etkileri de dikkate alınarak daha ayrıntılı olarak modellenebilir, böylece karışım oluşumunun ekserji bileşenleri üzerindeki etkileri incelenebilir.
2. Isı transferi hesabında kullanılan ısı transfer katsayısı daha ayrıntılı olarak hesaplanarak daha duyarlı sonuçlar elde edilebilir.
3. Emme işlemine benzer şekilde egzoz işleminin modellenmesinde de akış etkileri dikkate alınarak daha ayrıntılı bir modelle yapılabilir.
4. Mekanik sürtünmelerden kaynaklanan kayıplar da tersinmezliklerin hesabında dikkate alınabilir.
5. Yanma odası geometrisi, strok-çap oranı vb. tasarım özelliklerinin etkileri de ekserji analiziyle incelenebilir.
6. Alternatif yakıtlar için her bir yakıtın özellikleri dikkate alınarak daha derinlemesine bir inceleme yapılabilir.

6. KAYNAKLAR

1. Heywood, J. B., Internal Combustion Engine Fundamentals, McGraw-Hill, 1988.

2. Georgios, Z., Mathematical and Numerical Modeling of Flow and Combustion Processes in a Spark Ignition Engine, PhD Thesis, University of Crete, Heraklion, 2005.

3. Hihgley, J. L., A Thermodynamics Based Model for Predicting Piston Engine Performance for Use in Aviation Vehicle Design, MS Thesis, Georgia Institute of Technology, Georgia, 2004.

4. Li, W., Computational Modeling of Turbulent Flow in a Cyclic Engine, University of Toronto, Toronto, 2000.

5. Andersson, I., Cylinder Pressure and Ionization Current Modeling for Spark Ignited Engines, MS Thesis, Linköpings Universitet, Linköping, 2002.

6. Soylu, Ş., Autoigniton Modeling of Natural Gas for Engine Modeling Programs: An Experimental and Modeling Study, PhD Thesis, Iowa State University, Ames, 2001.

7. McCuiston, F. D., Validation of a Turbulent Flame Propagation Model for an Internal Combustion Engine, PhD Thesis, University of Cincinatti, Cincinatti, 1976.

8. Tallio, K. V., A Multifluid Turbulent Enrainment Combustion Model, PhD Thesis, Drexel University, Philadelphia, 1998.

9. Pathak, D., Use of a Thermodynamic Cycle Simulation to Determine the Difference between a Propane-Fuelled Engine and an Iso-Octane-Fuelled Engine, MS Thesis, Texas A&M University, Texas, 2005.

10. Li, H., An Experimental and Analytical Examination of Gas Fuelled Spark Ignition Engine-Performance and Combustion, PhD Thesis, University of Calgary, Alberta, 2004.

11. Tunestal, P. A., The Use of Cylinder Pressure for Estimation of the In-Cylinder Air/Fuel of an Internal Combustion Engine, PhD Thesis, University of California, Berkeley, 2000.

12. Craig, A. G., Combustion Model for Spark Ignited Lean Hydrocarbon-Air Mixture near Misfire, MS Thesis, University of Ottawa, Ottawa, 2002.

13. Cho, W., A Study on Pressure Reactive Piston for Spark Ignition Engines, PhD Thesis, University of Michigan, Ann Arbor, 2004.

14. Dawson, J. A., An Experimental and Computational Study of Internal Combustion Engine Modeling for Controls Oriented Research, PhD Thesis, Ohio State University, Columbus, 1998.

15. Klein, M., A Specific Heat Ratio Model and Compression Ratio Estimation, MS Thesis, Linköpings University, Linköping, 2004.

16. Arsie, I., Pianase, C. ve Rizzo, G., Development and Identification of a Hierarchical System of Models for Rapid Prototyping of SI Engines, 6th IEEE Mediterranean Conference on Control Systems, 9-11 June 1998, Alghero, 182-188.

17. Narayanan, S. S., A Comprehensive Model of Nitrogen Oxides Emissions from Gasoline Engines, MS Thesis, Southern Illinois University, Carbondale, 1997.

18. Roberts, C. E., A Computer Code to Model Engine Performance, Knock and Hydrocarbon Emissions, PhD Thesis, University of Texas, Texas, 1996.

19. Villarroel, M., The Effects of Cycle-to-Cycle Variations on Nitric Oxide (NO) Emissions for Spark-Ignition Engine: Numerical Results, MS Thesis, Texas A&M University, Texas, 2004.

20. Etiz, U., Simulation of the Combustion Process in a Spark Ignition Engine on a Personal Computer, MS Thesis, METU, Ankara 1994.

21. Attar, A. A., Optimization and Knock Modeling of Gas Fuelled Spark Ignition Engine, PhD Thesis, University of Calgary, Alberta, 1997.

22. Caton, J. A., Comparisons of Instructional and Complete Version of a Thermodynamic Engine Cycle Simulations for Spark-Ignition Engines, International Journal of Mechanical Engineering Education, 29, 4 (2000) 283-306.

23. Caton, J. A., Illustration of the Use of an Instructional Version of a Thermodynamic Cycle Simulation for a Commercial Automotive Spark-Ignition Engine, International Journal of Mechanical Engineering Education, 30, 4 (2001) 283-297.

24. Huffman, G. D., Using the Ideal Gas Law and Heat Release Models to Demonstrate Timing in Spark and Compression Engines International Journal of Mechanical Engineering Education, 28, 4 (2000) 279-296.

25. Fang, G. ve Gao, X., Improvement of Combustion from Spark Ignition Engines Fueled with Dual Fuels, Society of Automotive Engineers, SAE Paper 952411, (1995) 1-6.

26. Bayraktar, H. ve Durgun, O., Investigating the Effects of LPG on Spark Ignition Engine Combustion and Performance, Energy Conversion and Management, 46 (2005) 2317-2333.

27. Zhao, H., Peng, Z., Calnan, P., Laddomatos, N. ve Ma, T., Analysis of Stratified EGR and Air on Combustion and NO Formation in a Spark-Ignition Engine, Journal of Automobile Engineering, 213 (1999) 611-623.

28. Al-Janabi, H. A. K. S. ve Al-Baghdadi, M. A. R. S., A Prediction Study of the Effect of Hydrogen Blending on the Performance and Pollutant Emissions of a Four Stroke Spark Ignition Engine, International Journal of Hydrogen Energy, 24 (1999) 363-375.

29. Erduranlı, P., Koca, A. ve Sekmen, Y., Performance Calculation of a Spark Ignition Engine According to the Ideal Air-Fuel Cycle Analysis, Gazi University Journal of Science, 18, 1 (2005) 103-114.

30. Yamin, J. A. A. ve Dado, M. H., Performance Simulation of a Four-Stroke Engine with Variable Stroke-Length and Compression Ratio, Applied Energy, 77 (2004) 447-463.

31. Roelle, M. J., Shawer, G. M. ve Gerdes, J. C., A Multi-Mode Combustion Model of SI and HCCI for Mode Transition Control, International Mechanical Engineering Conference and Exposition, 13-19 November 2004, California, 1-8.

32. Lanzafame, R. ve Messina, M., ICE Gross Heat Release Strongly Influenced by Specific Heat Ratio Values, International Journal of Automotive Technology, 4, 3 (2003) 125-133.

33. Newman, C., Batteh, J. ve Tiller, M., Spark-Ignited-Engine Cycle Simulation in Modelica, 2nd International Modelica Conference, 18-19 March 2002, Oberpfaffenhofen, Germany.

34. Chow, A. ve Wyszynski, M. L., Thermodynamic Modeling of Complete Engine Systems: A Review, Journal of Automobile Engineering, 213 (2000) 403-415.

35. Zhang, S., The Second Law Analysis of a Spark Ignition Engine Fueled with Compressed Natural Gas, MS Thesis, University of Windsor, Ontario-Canada, 2002.

36. Abdel-Rahim, Y. M., Analysis and Simulation of the IC Engine Otto Cycle Using The Second Law of Thermodynamics, PhD Thesis, Kansas State University, Manhattan-Cansas, 1984.

37. Kumar, S. V., Exergy as a Second Law Analysis Parameter in Thermodynamic Diesel Engine Cycle Simulation, PhD Thesis, University of Illinois, Chicago, 1989.

38. Ferguson, C. R., Internal Combustion Engine Applied Thermosciences, John Wiley&Sons, 1985.

39. Mattham, V., Numerical Simulation of Gas-Fueled Spark Ignition Engine, MS Thesis, Lamar University, Beaumont, 2005.

40. Halmari, J. J., Computer Simulations of a Hydrogen Fueled Internal Combustion Engine, MS Thesis, Texas Tech University, Lubbock, 2005.

41. Poulos, S. G., The Effect of Combustion Chamber Geometry on SI Engine Combustion Rates-A Modeling Study, MS Thesis, Massachusetts Institute of Technology, Massachusetts, 1982.

42. Zeng, P., Prucka, R. G., Filipi, Z. S. ve Assanis, D. N., Reconstructing Cylinder Pressure of a Spark-Ignition Engine for Heat Transfer and Heat Release Analyses ASME Internal Combustion Engine Division, Fall Technical Conference, 24-27 October 2004, Long Beach, CA, USA.

43. Norman, T. J., A Performance Model of a Spark Ignition Wankel Engine: Including the Effects of Crevice Volumes, Gas Leakage, and Heat Transfer, MS Thesis, Massachusetts Institute of Technology, Massachusetts, 1983.

44. Janes, N. C., Simplified Modeling of Stratified-Combustion in a Constant Volume Chamber, PhD Thesis, Ohio State University, Columbus-Ohio, 2002.

45. Baritaud, T., Duclos, J.-M. ve Fusco, A., Modeling Turbulent Combustion and Pollutant Formation in Stratified Charge SI Engines, Revue De L'ınstıtut Françaıs Du Pétrole, 52, 5 (1997) 541-552.

46. Jennings, M. J., Multi-Dimensional Modeling of Turbulent Premixed Charge Combustion, Society of Automotive Engineers, SAE Paper 920589, (1992) 1-19.

47. Colin, O., Benkenida, A. ve Angelberger, C., 3D Modeling of Mixing, Ignition and Combustion Phenomena in Highly Stratified Gasoline Engines, Oil&Gas Science and Technology, 58, 1 (2003) 47-62.

48. Bayraktar, H., Benzin Etanol Karışımlarının Benzin Mortolarında Yanma ve Motor Çevrimi Üzerindeki Etkilerinin Teorik Olarak İncelenmesi, Doktora Tezi, K.T.Ü., Fen Bilimleri Enstitüsü, Trabzon, 1997.

49. Bilgin, A., Pistonlu Motorların Silindirleri İçerisindeki Gaz Akışlarının Emme Stroku Boyunca Sayısal Olarak İncelenmesi, Doktora Tezi, K.T.Ü., Fen Bilimleri Enstitüsü, Trabzon, 1994.

50. Fan, L., Multi-dimensional Modeling of Mixing and Combustion of Direct Injection Spark Ignition Engines, PhD Thesis, University of Wisconsin, Madison, 2000.

51. Lowe, A. S. H. ve Morel, T., A New Generation of Tools for Accurate Thermo-Mechanical Finite Element Analyses of Engine Components, Society of Automotive Engineers, SAE Paper 920681, (1992) 1-16.

52. Yossefi, D., Belmont, M. R., Ashcroft, S. J. ve Maskell, S. J., A Comparison of the Relative Effects of Fuel Composition and Ignition Energy on the Early Stages of Combustion in a Natural Gas Spark Ignition Engine Using Simulation, Journal of Automobile Engineering, 214 (2000), 383-393.

53. Lee, S.-W. ve Daisho, Y., Simulation for High Efficiency Liquefied Petroleum Gas Engine Development, Journal of Automobile Engineering, 218 (2004) 1201-1208.

54. Sridhar, G., Paul, P. J. ve Mukunda, H. S., Simulation of Fluid Flow in a High Compression Ratio Reciprocating Internal Combustion Engine, Journal of Power and Energy, 218 (2004) 403-416.

55. Gosman, A. D., State of the Art of Multi-Dimensional Modeling of Engine Reacting Flows, Oil&Gas Science and Technology, 54, 2 (1999) 149-159.

56. Dai W., Davis, G. C., Hall, M. J. ve Matthews, R. D., Diluents and Lean Mixture Combustion Modeling for SI Engines with a Quasi-Dimensional Model, Society of Automotive Engineers, SAE Paper 952382, (1995) 21-31.

57. Achuth, M. ve Metha, P. S., Predict Ions of Tumble and Turbulence in Four-Valve Pentroof Spark Ignition Engines, International Journal of Engine Research, 2, 3 (2001) 209-227.

58. Blanchi, G. M., Cantore, G., Parmeggiani, P. ve Michelassi, V., On Application of Nonlinear k-ε Models for Internal Combustion Engine Flows, Journal of Engineering for Gas Turbines and Power, 124 (2002) 668-677.

59. Hong, S.-J., 3D CFD Modeling of In-cylinder Ignition, Combustion, and Pollutant Formation Processes with Detailed Chemistry, PhD Thesis, University of Michigan, Ann Arbor, 2001.

60. Li, Q., Development of a Quasi-Dimensional Diesel Engine Simulation for Energy and Availability Analysis, PhD Thesis, University of Illinois, Urbana-Champaing, 1992.

61. Peters, H., Worret, R. ve Spicher U., Numerical Analyses of the Combustion Process in a Spark-Ignition Engine, The Fifth International Symposium on Diagnostics and Modeling of Combustion in Internal Combustion Engines, 1-4 July 2001, Nagoya.

62. Henson, J. C. ve Malalasekera, W., Full Cycle Firing Simulation of a Pent-Roof Spark Ignition Engine with Visualizations of the Flow Structure Flame Propagation and Radiative Heat Flux Journal of Automobile Engineering, 214 (2000) 957-971.

63. Andreassi, L., Cordiner, S. ve Rocco, V., Modeling the Early Stage of Spark Ignition Engine Combustion Using the KIVA-3V Code Incorporating an Ignition Model, International Journal of Engine Research, 4, 3 (2003) 179-192.

64. Liu, Y. ve Reitz, R. D., Modeling of Heat Conduction within Chamber Walls for Multidimensional Internal Combustion Engine Simulations, International Journal of Heat and Mass Transfer, 41, 6-7 (1998) 859-869.

65. Altın, İ., İki Bujili Ateşleme Sistemine Sahip Bir Benzin Motorunun Sanki-Boyutlu İki Bölgeli Termodinamik Çevrim Modeli, Yüksek Lisans Tezi, K.T.Ü., Fen Bilimleri Enstitüsü, Trabzon, 2004.

66. Şahin, Z., Benzin Motoru Çevrimlerinin Bilgisayar Modellemesi, Yüksek Lisans Tezi, K.T.Ü., Fen Bilimleri Enstitüsü, Trabzon, 1996.

67. Eriksson, L., Spark Advance Modeling and Control, PhD Thesis, Linköpings University, Linköping, 1999.

68. Gautam, M. ve Martin, D. W., Combustion Characteristics of Higher-Alcohol/Gasoline Blends, Journal of Power and Energy, 214 (2000) 497-511.

69. Ball, J. K., Raine, R. R. ve Stone, C. R., Combustion Analysis and Cycle-By-Cycle Variations in Spark Ignition Engine Combustion Journal of Automobile Engineering, 212 (1998) 381-399.

70. Cheung, H. M., A Practical Burn Rate Analysis for Use in Engine Development and Design, MS Thesis, Massachusetts Institute of Technology, Massachusetts, 1993.

71. Rousseau, S., Lemoult, B. ve Tazerout, M., Combustion Characterization of Natural Gas in a Lean Burn Spark-Ignition Engine, Journal of Automobile Engineering, 213 (1999) 481-489.

72. Abd Alla, G. H., Computer Simulation of a Four Stroke Spark Ignition Engine, Energy Conversion and Management, 43 (2002) 1043-1061.

73. Karamangil, M. I., Surmen, A. ve Gul, Z., In-Cylinder Expansion of Ring Crevice Hydrocarbons in SI Engines, International Communications in Heat and Mass Transfer, 30, 5 (2003) 683-693.

74. Heywood, J. B., Combustion and Its Modeling in Spark Ignition Engines, International Symposium COMODIA, 1994, 1-15.

75. Shen, H., Hinze, P. C. ve Heywood, J. B., A Study of Cycle-to-Cycle Variations in SI Engines Using a Modified Quasi-Dimensional Model, Society of Automotive Engineers, SAE Paper 961187, (1996) 75-84.

76. Chan S. H. ve Zhu, J., Modeling of Engine In-Cylinder Thermodynamics under High Values of Ignition Retard, International Journal of Thermal Sciences, 40 (2001), 94-103.

77. Al-Baghdadi, M. A. R. S. ve Al-Janabi, H. A. K. S., A Prediction Study of a Spark Ignition Supercharged Hydrogen Engine, Energy Conversion and Management, 44 (2003) 3143-3150.

78. Foin, C., Nishiwaki, K. ve Yoshihara, Y., A Diagnostic Bi-Zonal Combustion Model for the Study of Knock in Spark-Ignition Engines, JSAE Review, 20 (1999) 401-406.

79. Tunestal, P. ve Hedrick, J. K., Cylinder Air/Fuel Ratio Estimation Using Net Heat Release Data, Control Engineering Practice, 11 (2003) 311-318.

80. Al-Baghdadi, M. A. R. S., Development of a pre-ignition sub-model for hydrogen engines, Journal of Automobile Engineering, 219 (2005) 1203-1212.

81. Al-Baghdadi, M. A. R. S., Effect of Compression Ratio, Equivalence Ratio and Engine Speed on the Performance and Emission Characteristics of a Spark Ignition Engine Using Hydrogen as a Fuel, Renewable Energy, 29 (2004) 2245-2260.

82. Blizard, N. C. ve Keck, J. C., Experimental and Theoretical Investigation of Turbulent Burning Model for Internal Combustion Engines, Society of Automotive Engineers, SAE Paper 740191, (1974) 846-864.

83. Keck, J. C., Turbulent Flame Structure and Speed in Spark-Ignition Engines, International Nineteenth Symposium on Combustion (1982) 1451-1466.

84. McCuiston, F. D., Lavoie, G. A. ve Kauffman C. W., Validation of a Turbulent Flame Propagation Model for a Spark Ignition Engine, Society of Automotive Engineers, SAE Paper 770045, (1977) 1-22.

85. Tabaczynski, R. J., Ferguson, C. R. ve Radhakrishnan, K., A Turbulent Entrainment Model for Spark-Ignition Combustion, Society of Automotive Engineers, SAE Paper 770647, (1977) 2414-2432.

86. Tabaczynski, R. J., Trinker, F. H. ve Sahnnon, B. A. S., Further Refinement of a Turbulent Flame Propagation Model for Spark-Ignition Engines, Combustion and Flame, 39 (1980) 111-121.

87. Beretta, G. P., Rashidi, M. ve Keck, J. C., Turbulent Flame Propagation and Combustion in Spark-Ignition Engines, Combustion and Flame, 52 (1983) 217-245.

88. Blumberg, P. N., Lavoie, G. A. ve Tabaczynski, R. J., Phenomenological Models for Reciprocating Internal Combustion Engines, Progress in Energy and Combustion Science, 5 (1979) 123-167.

89. Selamet, E. E., Selamet, A. ve Novak, J. M., Predicting Chemical Species in Spark-Ignition Engines, Energy, 29 (2004) 449-465.

90. Olikara, C. ve Borman, G. L., A Computer Program for Calculating Properties of Equilibrium Combustion Products with Some Application to I.C. Engines, Society of Automotive Engineers, Paper No. 73047, (1973) 1458-1476.

91. Bilgin, A., Numerical Simulation of the Cold Flow in an Axisymmetric Non-Compressing Engine-Like Geometry, International Journal of Energy Research, 23 (1999) 899-908.

92. Hendricks, E., Engine Modeling for Control Applications: A Critical Survey Meccanica, 32 (1997) 387-396.

93. Rao, G., Simulation of Internal Combustion Engine In-Cylinder Flows Using KIVA-3V, MS Thesis, Michigan State University, Ann Arbor, 2002.

94. Ogale, S. H., Internal Combustion Engine Intake Manifold Dynamics, MS Thesis, Univeristy of Texas, Arlington, 1999.

95. Shaw, B. T., Modeling and Control of Automotive Cold Start Emissions, PhD Thesis, University of California, California, 2002.

96. Wengang, D., Quasi-Dimensional Modeling of Spark Ignition Engine, PhD Thesis, University of Texas, Austin, 1995.

97. Elmqvist-Möller, C., 1-D Simulation of Turbocharged SI Engines-Focusing on a New Gas Exchange System and Knock Prediction, Licentiate Thesis, School of Industrial Engineering and Management, Royal Institute of Technology, Stockholm, 2006.

98. Shudo, T., Nabetani, S. ve Nakajima, Y., Analysis of the Degree of Constant Volume and Cooling Loss in a Spark Ignition Engine Fuelled with Hydrogen, International Journal of Engine Research, 2, 1 (2001) 81-92.

99. Cipollone, R., On the Solution of Unsteady Heat Transfer Problems in ICE, Society of Automotive Engineers, SAE Paper 931984, (1993) 1-7.

100. Wu, H.-W. ve Perng, S.-W., Squish Effect of Piston Crown on the Turbulent Heat Transfer in Reciprocating Engine, International Journal of Numerical Methods for Heat&Mass Fluid Flow, 11, 1 (2001) 76-97.

101. Zang, P., Unsteady Convective Heat Transfer Modeling and Application to Internal Combustion Engines, PhD Thesis, University of Michigan, Ann Arbor, 2004.

102. Yusaf, T. F., Yusoff, M. Z. ve Hussein, I., Modeling of Transient Heat Flux in Spark Ignition Engine during Combustion and Comparisons with Experiment, American Journal of Applied Sciences, 2, 10 (2005) 1438-1444.

103. Shayler, P. J. ve May, S. A., Heat Transfer to the Combustion Chamber Walls in Spark Ignition Engines, Society of Automotive Engineers, SAE Paper 950686, (1995) 1-9.

104. Nijeweme, D. J. O., Kok, J. B. W., Stone, C. R. ve Wyszynski, L., Unsteady In-Cylinder Heat Transfer in a Spark Ignition Engine: Experiments and Modeling, Journal of Automobile Engineering, 215 (2001), 747-759.

105. Robinson, K., Hawley, J. G., Hammond, G. P. ve Owen, N. J., Convective Coolant Heat Transfer in Internal Combustion Engines, Journal of Automobile Engineering, 217 (2003) 133-146.

106. Hardy, J. D., A Cooling, Heating and Power for Buildings Instructional Module, MS Thesis, Mississippi State University, Mississippi, 2003.

107. Fartaj, S. A., Analysis of Thermal Systems Using Entropy Balance Method, PhD Thesis, Kansas State University, Manhattan-Kansas, 1991.

108. Herring, H., Energy Efficiency-A Critical View, Energy, 31 (2006) 10-20.

109. Tveit, T-M., A Systematic Procedure for Analysis and Design of Energy Systems, PhD Thesis, Helsinki University of Technology, Espoo, 2006.

110. Röder, A., Integration of Life-Cycle Assessment and Energy Planning Models for the Evaluation of Car Powertrains and Fuels, PhD Thesis, Swiss Federal Institute of Technology, Zürich, 2001.

111. Kavak, K., Dünyada ve Türkiye'de Enerji Verimliliği ve Türk Sanayinde Enerji Verimliliğinin İncelenmesi, Uzmanlık tezi, İktisadi Sektörler ve Koordinasyon Genel Müdürlüğü, Yayın No: DPT: 2689, Eylül-2005.

112. Moran, J. M. ve Shapiro, H. N., Fundamentals of Engineering Thermodynamics, 3rd Edition, John Wiley & Sons, 1998.

113. Poredos, A. ve Kitanovski, A., Exergy Loss as a Basis for the Price of Thermal Energy, Energy Conversion and Management, 43 (2002) 2163-2173.

114. Pons, M., Irreversibility in Energy Processes: Non-Dimensional Quantification and Balance, Journal of Non-Equilibrium Thermodynamics, 29 (2004) 157-175.

115. Prins, M. J., Ptasinski, K. J. ve Janssen, F. J. J. G., Thermodynamics of Gas-Char Reactions: First and Second Law Analysis, Chemical Engineering Science, 58 (2003) 1003-1011.

116. Ishihara, A., Mitsushima, S., Kamiya, N. ve Ota, K., Exergy Analysis of Polymer Electrolyte Fuel Cell Systems Using Methanol, Journal of Power Sources, 126 (2004) 34-40.

117. Ebadi, M. J. ve Gorji-Bandpy, M., Exergetic Analysis of Gas Turbine Plants, International Journal Of Exergy, 2, 1 (2005) 31-39.

118. Song, T. W., Sohn, J. L., Kim, J. H., Kim, T. S. ve Ro, S. T., Exergy-Based Performance Analysis of the Heavy-Duty Gas Turbine in Part-Load Operating Conditions, International Journal of Exergy, 2 (2002) 105-112.

119. Korobitsyn, M. A., New and Advanced Energy Conversion Technologies Analysis of Cogeneration, Combined and Integrated Cycles, PhD Thesis, University of Twente, Enschede-Netherlands, 1998.

120. Çengel, Y. A. ve Boles, M. A., Mühendislik Yaklaşımıyla Termodinamik, 2nd Edition, McGraw-Hill, 1996.

121. Rosen, M. A. A. ve Dinçer, I., Effect of Varying Dead-State Properties on Energy and Exergy Analyses of Thermal Systems, International Journal of Thermal Sciences, 43 (2004) 121-133.

122. Al-Muslim, H., Dinçer, I. ve Zubair, S. M., Exergy Analysis of Single-and Two-Stage Crude Oil Distillation Units, Journal of Energy Resources Technology, 125 (2003) 199-207.

123. Wall, G. ve Gong, M., On Exergy and Sustainable Development-Part 1: Conditions and Concepts, International Journal of Exergy, 1, 3 (2001) 128-145.

124. Gong, M. ve Wall, G., On Exergy and Sustainable Development-Part 2: Indicators and Methods, International Journal of Exergy, 1, 4 (2001) 217-231.

125. Rivero, R., Application of the Exergy Concept in the Petroleum Refining and Petrochemical Industry, Energy Conversion and Management, 43 (2002) 1199-1220.

126. Rezac, P. ve Metghalchi, H., A Brief Note on the Historical Evolution and Present State of Exergy Analysis, International Journal of Exergy, 1, 4 (2004) 426-437.

127. Rosen, M. A. ve Dincer, I., Exergy as the Confluence of Energy, Environment and Sustainable Development, International Journal of Exergy, 1, 1 (2001) 1-11.

128. Üçgül, İ. ve Koyun, T., Silindirik Yansıtıcılı İki Yüzeyli Kollektörler ile Düz Yüzeyli Kollektörlerin I. ve II. Yasa Verimliliklerinin İrdelenmesi, Mühendis ve Makine Dergisi, Sayı: 530, Mart-2004.

129. Rakopoulos, C. D. ve Giakoumis, E. G., Second-Law Analyses Applied to Internal Combustion Engines Operation, Progress in Energy and Combustion Science, 32 (2006) 2-47.

130. Caton, J. A., A Review of Investigations Using the Second Law of Thermodynamics to Study Internal Combustion Engines, Society of Automotive Engineers, SAE Paper 2000-01-1081, (2000) 1-15.

131. Alkidas, A. C., The Application of Availability and Energy Balances to a Diesel Engine, Journal of Engineering for Gas Turbines and Power, 110 (1988) 462-469.

132. Shapiro, H. N. ve Van Gerpen, J. H., Two Zone Combustion Models for Second Law Analysis of Internal Combustion Engines, Society of Automotive Engineers, SAE Paper 890823, (1989) 1408-1422.

133. Van Gerpen, J. H. ve Shapiro, H. N., Second Law Analysis of Diesel Engine Combustion, Journal of Engineering for Gas Turbines and Power, 112 (1990) 129-137.

134. Gallo, W. L. R. ve Milanez, L. F., Analysis of Irreversibilities in Diesel Engines, Society of Automotive Engineers, SAE Paper 940673, (1994) 1060-1068.

135. Rakopoulos, C. D., Evaluation of a Spark Ignition Engine Cycle Using First and Second Law Analysis Techniques, Energy Conversion and Management, 34, 12 (1993) 1299-1314.

136. Velasquez, J. A. ve Milanez, L. F., Exergetic Analysis of Ethanol and Gasoline Fueled Engines, Society of Automotive Engineers, SAE Paper 920809, (1992) 907-915.

137. Rakopoulos, C. D. ve Giakoumis, E. G., Speed and Load Effects on the Availability Balances and Irreversibilities Production in a Multi-Cylinder Turbocharged Diesel Engine, Applied Thermal Engineering, 17, 3 (1997) 299-333.

138. Rakopoulos, C. D. ve Giakoumis, E. G., Development of Cumulative and Availability Rate Balances in a Multi-Cylinder, Turbocharger, Indirect Injection Diesel Engine, Energy Conversion and Management, 38, 4 (1997) 347-369.

139. Alasfour, F. N., Butanol-A Single Cylinder Engine Study: Availability Analysis, Applied Thermal Engineering, 17, 6 (1997) 537-549.

140. Anderson, M. K., Assanis, D. N. ve Filipi, Z. S., First and Second Law Analysis of a Naturally-Aspirated, Miller Cycle, SI Engine with Late Intake Valve Closure, Society of Automotive Engineers, SAE Paper 980889, (1998) 1-16.

141. Caton, J. A., Results from the Second-Law of Thermodynamics for a Spark-Ignition Engine Using an Engine Cycle Simulation, Fall Technical Conference, ASME Internal Combustion Engine Division, 33, 3 (1999) 35-49.

142. Köktürk, L., Ekserji Analizi Kullanılarak İçten Yanmalı Bir Motorun Optimizasyonu, Yüksek Lisans Tezi, Zonguldak Karaelmas Üniversitesi, Zonguldak, 1999.

143. Caton, J. A., Operating Characteristics of a Spark-Ignition Engine Using the Second Law of Thermodynamics: Effects of Speed and Load, Society of Automotive Engineers, SAE Paper 2000-01-0952, (2000) 1-17.

144. Rakopoulos, C. D. ve Kyritsis, D. C., Comparative Second-Law Analysis of Internal Combustion Engine Operation for Methane, Methanol and Dodecane Fuels, Energy, 26 (2001) 705-722.

145. Caton, J. A., A Cycle Simulation Including the Second Law of Thermodynamics for a Spark-Ignition Engine: Implications of the Use of Multiple-Zones for Combustion, Society of Automotive Engineers, SAE Paper 2002-01-0007, (2002) 1-19.

146. Wright, S. E., Comparison of the Theoretical Performance Potential of Fuel Cells and Heat Engines, Renewable Energy, 29 (2004) 179-195.

147. Parlak, A., Yasar, H. ve Eldogan, O., The Effect of Thermal Barrier Coating on a Turbo-Charged Diesel Engine Performance and Exergy Potential of the Exhaust Gas, Energy Conversion and Management, 46 (2005) 489-499.

148. Özcan, H. ve Söylemez, M. S., Effect of Water Addition on the Exergy Balances of an LPG Fuelled Spark Ignition Engine, International Journal of Exergy, 2, 2 (2005) 194-206.

149. Kanoglu, M., Isık, S. K. ve Abusoglu, A. Performance Characteristics of a Diesel Engine Power Plant, Energy Conversion and Management, 46 (2005) 1692-1702.

150. Canakcı, M. ve Hosoz, M., Energy and Exergy Analyses of a Diesel Engine Fuelled with Various Biodiesels, Energy Sources, 1, B (2006) 379-394.

151. Sezer, İ., Normal Benzine Metanol ve MTBE Katılmasının Buji Ateşlemeli Motorun Performansına ve Egzoz Emisyonlarına Etkisinin Deneysel Olarak İncelenmesi, Yüksek Lisans Tezi, K.T.Ü., Fen Bilimleri Enstitüsü, Trabzon, 2002.

152. Bilgin, A., Geometric Features of the Flame Propagation Process for an SI Engine Having Dual-Ignition System, International Journal of Energy Research, 26 (2002) 987-1000.

153. Durgun, O., Motorlar I Ders Notları, Makina Mühendisliği Bölümü, KTÜ, Trabzon, Basılmamış.

154. Durgun, O., Motorlar II Ders Notları, Makina Mühendisliği Bölümü, KTÜ, Trabzon, Basılmamış.

155. Bayraktar, H. ve Durgun, O., Mathematical Modeling of Spark-Ignition Engine Cycles, Energy Sources, 25 (2003) 651-666.

156. Bayraktar, H. ve Durgun, O., Development of an Empirical Correlation for Combustion Durations in Spark Ignition Engines, Energy Conversion and Management, 45 (2004) 1419-1431.

157. Gülder, Ö., Correlations of Laminar Combustion Data for Alternative S.I. Engine Fuels, Society of Automotive Engineers, SAE Paper 841000, (1984) 1-23.

158. Chen, C. ve Veshagh, A., A Refinement of Flame Propagation Combustion Model for Spark-Ignition Engines, Society of Automotive Engineers, SAE Paper 920679, (1992) 1-22.

159. Xiaoping, B., Shu, H. ve Jingyie, W., Numerical Optimization for In-Cylinder Processes of a Spark Ignition Engine, Society of Automotive Engineers, SAE Paper 941936, (1994) 1-10.

160. Caton, J. A., On the Destruction of Availability (Exergy) due to Combustion Processes-With Specific Application to Internal-Combustion Engines, Energy, 25 (2000) 1097-1117.

161. Fanhua, M., Chuanli, L., Deming, J. ve Longbao, Z., Study on Validation of Turbulent Entrainment Combustion Model for Spark-Ignition Engines, Society of Automotive Engineers, SAE Paper 941935, (1994) 1-15.

ÖZGEÇMİŞ

10.06.1974'de Samsun'da doğdu. İlk, Orta ve Lise öğrenimini Samsun'da tamamladı. 1994 yılında Ordu Meslek Yüksek Okulu Motor Bölümünden ve 1997'de Karadeniz Teknik Üniversitesi Makine Mühendisliği Bölümünden mezun oldu. Aralık 2000'de Karadeniz Teknik Üniversitesi Makine Mühendisliği Bölümünde Araştırma Görevlisi olarak göreve başladı. Yüksek Lisans öğrenimini Ocak-2002'de ve Doktora öğrenimini Şubat-2008'de tamamladı. Aralık-2006'da Beşikdüzü Meslek Yüksek Okulunda Öğretim Görevlisi olarak atandı ve 2009 yılında askerliği süresince Kara Harp Okulunda Öğretim Görevlisi olarak çalıştı. Ocak-2010'da Gümüşhane Üniversitesi Makine Mühendisliği Bölümüne Yardımcı Doçent olarak atandı ve Nisan-2012'de Doçent Unvanı aldı. Halen bu görevine devam etmekte olan, İsmet SEZER evli ve iki çocuk babası olup İngilizce bilmektedir.

Printed by Books on Demand GmbH, Norderstedt / Germany